Die Lehre vom Trocknen

in graphischer Darstellung

Von

Karl Reyscher

Ingenieur

Zweite, verbesserte Auflage

Mit 34 Textabbildungen

Berlin
Verlag von Julius Springer
1927

ISBN-13: 978-3-642-48514-5   e-ISBN-13: 978-3-642-48581-7
DOI: 10.1007/978-3-642-48581-7

Vorwort zur ersten Auflage.

In seinem Buche „Das Trocknen mit Luft und Dampf" hat E. Hausbrand die Vorgänge beim Trocknen eingehend behandelt und für den Gebrauch Zahlentafeln berechnet, nach denen man die Verhältnisse einer Trocknungsanlage bestimmen kann. In der dritten 1908 erschienenen Auflage hat er auch ein Wärmediagramm der Dampfluft entworfen. Dieses Diagramm stimmt im wesentlichen überein mit dem von Otto H. Müller meines Wissens zuerst angewendeten Wärmewert-Diagramm in seinem Aufsatz „Über Rückkühl-Anlagen", Z. V. d. I. 1905, Heft 1. In dem Aufsatze „Einiges über Trockenanlagen", Z. V. d. I. 1905, Heft 51, habe ich die mögliche Anwendung dieses Diagramms auf Trockenanlagen gezeigt. Die weitere Beschäftigung mit diesem Diagramm hat mich erkennen lassen, daß dasselbe besonders geeignet ist, die Zustandsänderungen in einer Trockenanlage zu verfolgen und den Weg zu einer wirtschaftlichen Verwendung zu zeigen. Inwieweit das der Fall ist, möge der Leser beurteilen.

Bielefeld, im Dezember 1913.

Der Verfasser.

Vorwort zur zweiten Auflage.

Den Gedanken, die ein neues Lehrgebiet zu schaffen beginnen, folgen andere, welche die noch vorhandenen Unklarheiten zu beseitigen suchen. Die erste Auflage hat angestrebt, die Möglichkeit der Anwendung des Müllerschen Diagramms der mit Wasserdampf erfüllten Luft auf die Fragen zu zeigen, welche die Trocknungstechnik aufwirft.

Die neue Auflage bringt nun auch ein Diagramm des zu trocknenden Gutes.

Durch die Gegenüberstellung dieser beiden Diagramme werden manche Fragen geklärt, die vorher unbestimmbar waren und deren Lösungen auf Annahmen beruhten. Infolgedessen müssen manche Bilder erneuert werden und eine andere Form erhalten.

Sollte die vorliegende Arbeit dazu beitragen, die Brennstoffnot auch im Gebiete der Trocknungstechnik zu lindern, dann ist ihr Zweck erreicht.

Bielefeld, im Juli 1927.

Der Verfasser.

Inhaltsverzeichnis.

1. Einleitung.

Eine Flüssigkeit auftrocknen heißt: sie in dampfförmigen Zustand überzuführen. Diese Zustandsänderung erfolgt durch die Wärme. Um die Zuführung der Wärme an die Flüssigkeit zu bewirken, bedienen wir uns der Luft, welche zu diesem Zwecke eine höhere Temperatur besitzen muß als die Flüssigkeit. Während der Dauer der Berührung der Luft mit der Flüssigkeit entwickeln sich Dämpfe, welche in den Raum, den die Luft einnimmt, einströmen, als ob die Luft nicht vorhanden wäre. Letzterer Vorgang beruht auf dem Daltonschen Gesetze, welches durch die Worte gekennzeichnet ist: „Ein Gas verhält sich gegen das andere wie ein leerer Raum." — In anderer Fassung: — „Gasmischungen verhalten sich so, wie wenn jedes einzelne Gas den gegebenen Gesamtraum unbehindert von den anderen völlig ausfüllen würde; die sich hieraus ergebenden Teildrücke der einzelnen Gase setzen sich zum Gesamtdrucke zusammen."

Wir können darum zunächst den Zustand des sich aus der Flüssigkeit entwickelnden Dampfes betrachten, als ob der Vorgang in einem luftleeren Raume stattfände. Solange sich aus der Flüssigkeit Dampf entwickelt, ist der Dampf gesättigt. Der Druck gesättigter Dämpfe ist aber allein abhängig von der Temperatur des Dampfes. Da es noch nicht gelungen ist, die Beziehungen zwischen Druck und Temperatur der gesättigten Dämpfe aus einem allgemeinen Gesetze zu entwickeln, bleibt man angewiesen auf die Forschungen derjenigen Physiker, welche die Spannungen einer Anzahl von Dämpfen bei verschiedenen Temperaturen feststellten.

In dem Lehrbuche der Technischen Thermodynamik von Zeuner sind in Tabellenform die Temperaturen und die zugehörigen Spannungen einer Anzahl von Dämpfen zusammengestellt.

In nachstehendem wollen wir uns auf die Betrachtung des Wasserdampfes beschränken. Je nachdem es erforderlich schien, sind die Tabellen und Abbildungen nur für Temperaturen von 0—80 °C oder 0—120° C wiedergegeben.

Tabelle 1 gibt die Tabelle nach Zeuner wieder.

Tabelle 1.

Temperatur in ⁰ C.	Spannungen in mm Quecksilbersäule für		
	Wasserdampf	Alkohol	Äther
0	4,6	12,70	184,39
10	9,165	24,23	286,83
20	17,391	44,46	432,78
30	31,548	78,52	634,80
40	54,906	133,69	907,04
50	91,980	219,90	1264,83
60	148,786	350,21	1725,01
70	233,082	541,15	2304,90
80	354,616	812,91	3022,79
90	525,392	1189,30	3898,26
100	760,000	1697,55	4953,30
110	1075,370	2367,64	6214,63
120	1491,280	3231,73	7719,20

Abb. 1 zeigt die Dampfdrücke oder Spannungen von Wasser-, Alkohol- und Ätherdampf in Form von Schaulinien und ermöglicht die Feststellung der Spannungen auch für zwischenliegende Temperaturen.

Diese Schaulinien bieten aber auch ein bequemes Mittel, um folgende Feststellungen zu machen: Der zweite Teil des Daltonschen Gesetzes lautet: „Die sich hieraus ergebenden Teildrücke der einzelnen Gase setzen sich zu dem Gesamtdrucke zusammen.“

Erfolgt nun die Auftrocknung bei atmosphärischem Druck, also im Mittel bei 760 mm Quecksilbersäule, dann findet man den Druck der Luft, in welche die Dämpfe eingetreten sind, indem man durch den Punkt, der den Druck von 760 mm kennzeichnet, eine senkrechte Linie zieht. Die Entfernung dieser Linie bis zu den Schaulinien gibt den Druck der Luft allein an. So ist bei einer Temperatur von 50⁰ C z. B. die Spannung des Wasserdampfes gleich der Linie a—b = 91,98, die Spannung der im gleichen Raum befindlichen Luft gleich der Linie b—c = 668,02, ferner die Spannung des Alkohols gleich der Linie a—b_1 = 219,90, die Spannung der Luft gleich der Linie b_1—c = 540,10. Bei 50⁰ C ist aber die Spannung des Äthers schon 1264,83 mm, also weit höher als die Gesamtspannung, d. h. bei 50⁰ C würde nur Ätherdampf im Raume enthalten sein können. Weil aber der Siedepunkt des Äthers schon bei 35⁰ C liegt, würde die Flüssigkeit verschwunden sein, und wir hätten überhitzten Ätherdampf. Will man Ätherdampf bei atmosphärischem Drucke auftrocknen, dann darf man nur Temperaturen anwenden, welche unter 35⁰ C liegen. In gleicher Weise ergibt sich, daß man Alokohol, dessen Siedepunkt bei 78,5⁰ C liegt, nur bei Temperaturen unter 78,5 und Wasser unter 100⁰ auftrocknen kann, solange die Räume, in welchen die Auftrocknung erfolgt, mit der atmosphärischen Luft in Verbindung stehen.

Erfolgt die Auftrocknung von Flüssigkeiten in Räumen, welche von dem Drucke der Atmosphäre unabhängig gemacht sind, also in geschlossenen Räumen, dann können zwei Fälle eintreten. Entweder ist der Gesamtdruck der Dämpfe oder Gase ein höherer oder ein niederer als der der Atmosphäre.

Ist er ein höherer, z. B. 1150 mm, Linie d—e im Diagramm, dann würde bei einer Temperatur von 110° C Wasserdampf mit der Spannung 1073 mm QS (Linie o—p) und Luft mit der Spannung 77 mm QS (Linie p—q) in der Mischung enthalten sein können. Für Alkohol- und Ätherdampf treten die Verhältnisse Temperatur 85°, Spannung 946 (Linie o_1—p_1), Spannung 210 (Linie p_1—q_1) und Temperatur 45° C, Spannung 1046 (Linie o_2—p_2), Spannung 104 (Linie p_2—q_2) ein.

Ist die Gesamtspannung eine niedere als die mittlere Atmosphäre, z. B. nur 220 mm QS (Linie f—g), dann erkennt man, daß bei

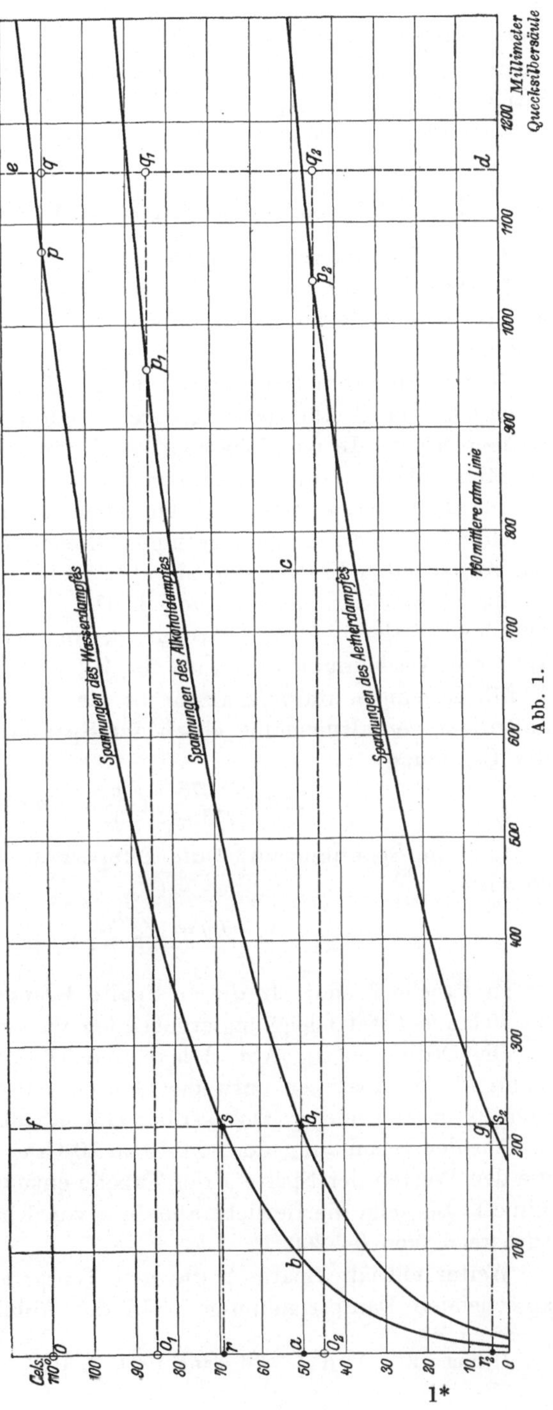

einer Temperatur von 70° (Linie r—s) Wasserdampf allein, bei einer Temperatur von 50° (Linie a—b) Alkoholdampf allein, bei einer Temperatur von 4° (Linie r_2—s_2) Ätherdampf allein schon eine Spannung hat, die der Gesamtspannung entspricht.

2. Über den Wasserdampfgehalt der Luft.

In der Technik ist die Auftrocknung des Wassers aus Stoffen die umfangreichste, und weil die Art und Weise, wie diese erfolgt, auch für andere Flüssigkeiten die Wege weist, soll sie zunächst zur Darstellung gelangen.

Nur in Ausnahmefällen findet die Trocknung bei höheren Temperaturen als 100° C statt oder höheren Spannungen als dem atmosphärischen Drucke. In nachfolgendem sind darum vorwiegend Trocknungsvorgänge, die sich auf Temperaturen unter 100° C beziehen, dargestellt.

Die Dampfspannungen sind den Tabellen von Zeuner entnommen, obgleich neuere Forschungen geringe Abweichungen davon zeigen. Für die vorliegenden Fragen sind sie aber nicht von Belang[1]).

Es ist nun das Gewicht von 1 m³ Luft bei der Temperatur 0° C und dem mittleren Atmosphärendruck von 760 mm QS gleich 1,293 kg. Weil die Ausdehnung der Gase für jeden Grad Temperaturerhöhung 1 : 273 desjenigen Raumes ausmacht, den sie bei 0° C einnehmen, und außerdem verhältnismäßig gleich der Spannung ist, besteht für Luft die Gleichung

$$Lg = 1{,}293 \cdot \frac{273}{273 + t} \cdot \frac{p}{760} = 0{,}465 \cdot \frac{p}{273 + t}, \tag{1}$$

worin p die Spannung und t die Temperatur bezeichnet. Ist $p = 760$, so wird

$$Lg = \frac{353{,}4}{273 + t}. \tag{2}$$

In Tabelle 2 sind für die in Spalte 1 angegebenen Temperaturen, die sich aus dieser Gleichung ergebenden Werte in Spalte 7 eingetragen.

Die Ordinaten der Abb. 2 bedeuten Temperaturen von 0—200° C, während die Abszissen entweder Gewichte in Zentigramm oder Spannungen in Zentimeter Quecksilbersäule angeben.

Aus der Verbindung der von 10 zu 10 Grad ansteigenden Abszissen, die den Werten der Spalte 7 der Tabelle entnommen sind, entsteht die Linie I. Sie zeigt die Gewichtsabnahme von 1 m³ Luft in dem Temperaturbereich von 0—200° C.

Weiter enthält Spalte 2 die den Temperaturen in Spalte 1 entsprechenden Dampfspannungen. In der Abbildung begrenzt die mit

---

¹) Siehe Z. d. V. d. I., Jahrgang 1909, S. 312.

IV bezeichnete gestrichelte Kurve diese Spannungen. Das Maß der Abszissen ist Zentimeter Quecksilber. Die gleichsinnig verlaufenden Linien mit den Zahlen 80, 60, 40, 20, 10 und 5 begrenzen die Spannungswerte des Dampfes bei 80, 60 usw. Sättigungsgraden.

Tabelle 2.

1.	2.	3.	4.	5.	6.	7.	8.
Temperaturen in °C.	Spannungen des gesättigten Dampfes in mm QS	Unterschied zwischen Dampf und atm. Spannung in mm QS	Gewicht eines m³ Dampf in kg	Gewicht eines m³ reiner Luft bei Spannungen der Spalte 3 in kg	Gewicht eines m³ mit gesättigtem Wasserdampf erfüllter Luft in kg	Gewicht eines m³ reiner Luft bei 760 mm QS Spannung in kg	Unterschied der Spalten 7 und 6 in kg
0	4,60	755,4	0,0048	1,2832	1,2882	1,2930	0,0048
10	9,17	750,84	0,0094	1,2334	1,2427	1,2475	0,0057
20	17,39	742,61	0,0172	1,1770	1,1945	1,2049	0,0104
30	31,55	728,45	0,0302	1,1168	1,1476	1,1650	0,0184
40	54,91	705,09	0,0510	1,0463	1,0975	1,1270	0,0295
50	91,98	668,02	0,083	0,9610	1,0444	1,0929	0,0484
60	148,79	611,21	0,131	0,8497	0,9808	1,0606	0,0798
70	233,08	526,91	0,199	0,7115	0,9107	1,0291	0,1184
80	354,62	405,38	0,296	0,5335	0,8293	1,000	0,1717
90	525,39	234,61	0,428	0,2992	0,7272	0,9725	0,2453
100	760,00	0	0,606	0	0,6060	0,9464	0,3404
110	1075,37	— 315,37	0,839			0,9227	
120	1491,28	— 731,28	1,141			0,8992	
130	2030,28	— 1270,28	1,525			0,8769	
140	2712,63	— 1952,63	2,005			0,8557	
150	3581,23	— 2821,23	2,598			0,8355	
160	4651,62	— 3891,62	3,321			0,8162	
170	5961,66	— 5201,66	4,193			0,7978	
180	7546,39	— 6786,39	5,233			0,7801	
190	9442,70	— 8682,70	6,460			0,7633	
200	11688,96	— 10928,96	7,893			0,7472	

Aus Spalte 3 ist der Unterschied der Spannungen des gesättigten Dampfes und der mittleren atmosphärischen Spannung von 760 mm QS ersichtlich.

Die Gewichte von 1 m³ gesättigtem Wasserdampf bei den in Spalte 1 angegebenen Temperaturen faßt Spalte 4, und die Abbildung zeigt die sich daraus ergebende Linie V, die durch stärkeren Strich hervorgehoben wurde. Die ebenfalls hervorgehobene Linie III begrenzt die Gewichte der reinen Luft bei den Spannungen, die Spalte 3 anführt. Die Summen der Spalten 4 und 5 bringen die Gewichte eines mit gesättigtem Wasserdampf erfüllten Kubikmeters Luft, die in Spalte 6 ihren Platz fanden.

Fügt man in der Abbildung der Linie III die in Spalte 5 angegebenen Gewichtswerte hinzu, so erhält man Linie II. Sie begrenzt demnach die Gewichte der in 1 m³ möglichen Mengen an gesättigtem Dampf und Luft. Diese Linie verläuft, bis zur Temperatur von 100° C, in einer allmählich nach links stärker abnehmenden Steigung, um dort abbrechend steil anzusteigen. Von 100° C an begrenzt sie die Gewichte von 1 m³ Dampf, dessen Spannungen 760 mm QS betragen, also Teil-

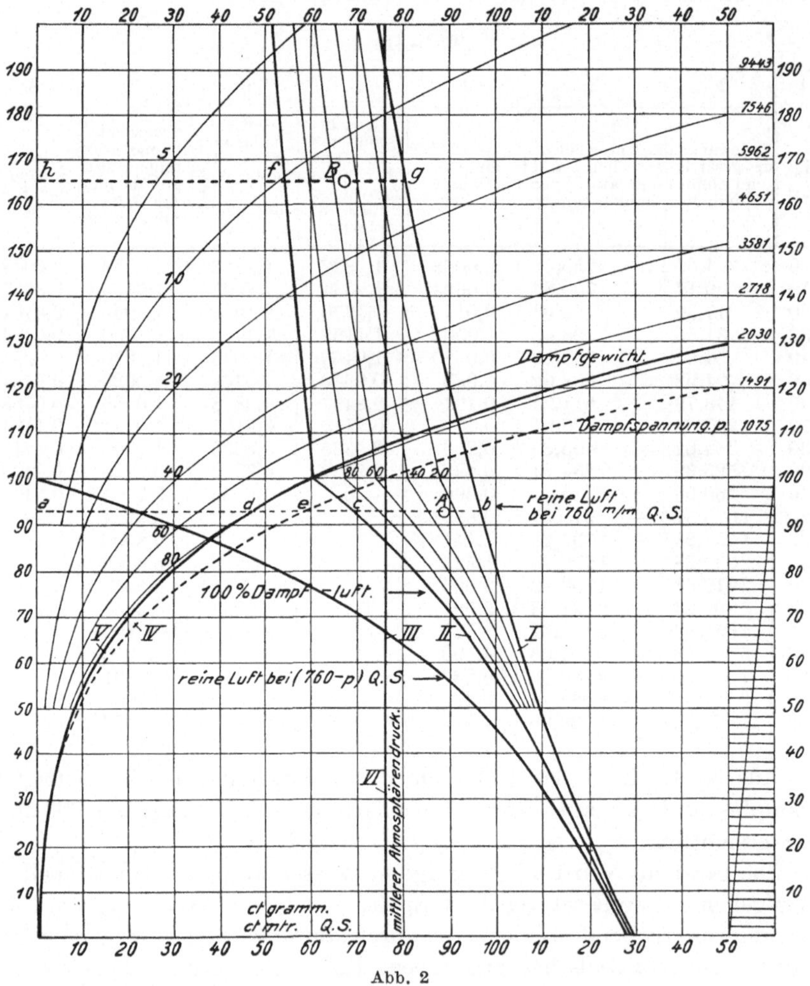

Abb. 2

spannungen des gesättigten Dampfes bedeuten, den derselbe bei den entsprechenden Temperaturen aufweist.

Den Gewichtsunterschied zwischen reiner Luft und gesättigter Dampfluft (s. Spalte 8) schließen die Linien I und II ein. Zwischen ihnen liegen die Endpunkte der Abszissen, welche die Gewichte eines Gemisches aus Luft und Dampf anzeigen, die für Sättigungsgrade gelten zwischen 100 und 0 Grad.

Man kann nun Raumteile der Luft gegen die gleiche Anzahl Raumteile des Dampfes ausgetauscht denken. Durch einen solchen Tausch ändert sich nur das Gewicht des Gemisches, nicht der Raum. Teilt man daher die zwischen den Linien I und II liegenden Strecken in 100 gleiche Teile, so entspricht jeder Teilpunkt einem Sättigungsgrade, und das Gewicht eines beliebigen Dampfluftgemisches wird durch die Strecke von diesem Punkt aus bis zur Ordinatenachse dargestellt. In der Abbildung sind die gleichen Sättigungsgrade von 20, 40, 60 und 80 durch entsprechende Linien gekennzeichnet. Die Feststellung eines durch einen Punkt bezeichneten Zustandes kann somit schätzungsweise leicht bewirkt werden.

Soll beispielsweise das Gewicht einer Dampfluft, die durch Punkt A gekennzeichnet wird, angegeben werden, so zieht man eine Abszisse durch A. Unter Zuhilfenahme des rechts gezeichneten Maßstabes wird die Abszisse von A gleich $A\!-\!a$ zu 88,8 cg gemessen. Der Unterschied $b\!-\!c$ zwischen reiner und gesättigter Luft wird ebenfalls festgestellt und außersem der Abstand A von b. Der erstere beträgt 27,8, der letztere 7,8 cg, woraus eine Dampfluft von $7,8 : 27,8 = 0,28$ oder ein Sättigungsgrad von 28 hervorgeht.

Diese Art der Feststellung gilt aber nur für Dampfluft, die unterhalb der 100er Temperaturlinie liegt.

Für Temperaturen über 100^0 C, wo ein Gemisch aus Dampf und Luft bei Atmosphärendruck nur bestehen kann, wenn die Spannung des Dampfes kleiner als 760 mm ist, kann folgender Weg eingeschlagen werden:

Ist B der Punkt, der die Dampfluft kennzeichnet, so ziehen wir durch ihn eine Abszisse. Letztere liegt auf der 165er Temperaturlinie und bestimmt daher auch 165^0 C als Temperatur des Gemisches. Das Gewicht, dargestellt durch die Strecke $B\!-\!h$, messen wir zu 67,8 cg. Die Abszisse schneidet die Linien I und II in den Punkten f und g. Aus dem Verhältnis der Strecken $f\!-\!B$ und $f\!-\!g$ oder $13,2 : 26,2 = 0,505$ erhalten wir den Sättigungsgrad 50,5.

Dieser Sättigungsgrad ist aber nicht zu verwechseln mit dem Sättigungsgrad unter 100^0 C. Auch er ist das Verhältnis der Dampfmenge in der Dampfluft zur möglichen Dampfmenge, die hier aber beeinflußt wird durch die Bedingung, daß die mögliche Dampfmenge dem Verhältnisse der Spannung von 760 zur Spannung des gesättigten Dampfes entsprechen muß. In Punkt B ist die Spannung gleich der Strecke $B\!-\!h = 680$ mm QS, zur Spannung des gesättigten Dampfes $= 5275$, also $680 : 5275 = 0,129$.

Eine besondere Eigenschaft hat diese Abbildung noch. Paust man den Rahmen des Gradnetzes mit den Linien I, II, III und IV auf ein Blatt und auf einem zweiten das Gradnetz mit den Linien IV, V und

VI und legt beide aufeinander, so kann man ohne wesentliche Mühe die Gewichts- und Spannungsverhältnisse der Dampfluft für jeden beliebigen Atmosphärendruck bestimmen. Schiebt man die Linie VI des oberen Blattes nach links, so vermindert man den Atmosphärendruck, die entgegengesetzte Bewegung vermehrt ihn dagegen. Die entstehenden Bilder entsprechen annähernd denjenigen, welche man für jeden einzelnen Barometerstand zu zeichnen hätte.

3. Der Wärmewert eines Gemisches aus Luft und Wasserdampf.

Bei der Trocknung überträgt die Luft einen Teil ihrer Wärme an das zu trocknende Gut. Die Flüssigkeit im Gute wird von der übernommenen Wärme verdampft. Dann nimmt die Luft diesen Dampf auf und führt ihn ab. Es ist daher erwünscht, die im Gemische vorhandenen Wärmemengen zu kennen, um ihre Wirkungsmöglichkeit bestimmen zu können.

Die Wärmemenge, die 1 m³ dieses Gemisches aufnehmen kann, setzt sich zusammen aus der Wärme des Dampfes und derjenigen der Luft.

Tabelle 3.

1	2	3	4	5	6	7
Temperaturen °C	Dampfspannungen in mm QS	1 m³ Dampf wiegt in kg	Wärmewert von 1 kg Dampf in Wärmeeinheiten	Wärmewert des Dampfes in 100 vH Dampf-Luft-Gemisch in Wärmeeinheiten	Wärmewert von 1 m³ reiner Luft bei 760 mm QS	Wärmewert von 1 m³ Luft in 100 vH Dampf-Luft-Gemisch
0	4,60	0,0049	592,67	2,904	0	0
10	9,17	0,0094	600,87	5,648	2,964	2,93
20	17,39	0,0172	607,73	10,45	5,724	5,593
30	31,55	0,0302	613,43	18,53	8,304	7,960
40	54,91	0,0510	618,09	31,52	10,71	9,921
50	91,98	0,083	621,89	51,61	12,98	11,42
60	148,79	0,131	624,80	81,85	15,12	12,11
70	233,03	0,199	627,85	124,9	17,12	11,83
80	354,62	0,296	630,90	186,7	19,08	10,14
90	525,39	0,428	633,95	271,3	20,79	6,4
100	760,00	0,606	637,00	379,5	22,40	0
110	1075,37	0,839	640,05	378,7	24,12	
120	1491,28	1,141	643,10	374,0	25,64	
130	2030,28	1,525	646,15	368,8	26,96	
140	2717,63	2,005	649,20	364,0	28,46	
150	3581,23	2,598	652,25	359,6	29,78	
160	4651,62	3,321	655,30	355,6	31,03	
170	5961,66	4,193	658,35	351,9	32,27	
180	7546,39	5,233	661,40	348,5	33,35	
190	9442,70	6,460	664,45	346,2	34,46	
200	11688,96	7,893	667,50	342,5	35,51	

Um ersteren Wert zu berechnen, sind in Tabelle III in Spalte 1 die von 10 zu 10° ansteigenden Temperaturen von 0—200° C eingesetzt und in Spalte 2 die diesen Temperaturen entsprechenden Spannungen. Ferner sind in Spalte 3 die Gewichte von 1 m³ Dampf und in Spalte 4 die Wärmewerte von 1 kg desselben eingetragen. Aus der Vervielfältigung der Werte der Spalte 3 mit denjenigen der Spalte 4 erhalten wir dann die gesuchten Wärmewerte, die 1 m³ Dampf enthält. Weil über 100⁰ C die Spannung des Dampfes größer ist als die mittlere atmosphärische Spannung von 760 mm QS, muß für höhere Temperaturen noch das Verhältnis ihrer Spannungen zu 760 mm QS Berücksichtigung finden.

Die Berechnung liefert die in Spalte 5 eingetragenen Werte. Sie bezeichnen die Wärmewerte des in 1 m³ bei 760 mm Spannung möglichen Dampfes. Es bleiben noch die Wärmewerte von 1 m³ Luft aus ihrem Gewicht bei den Temperaturen zwischen 0 und 200⁰ C zu bestimmen. Die Vervielfältigung dieser Gewichte mit der spezifischen Wärme der Luft liefert die in Spalte 6 eingetragenen Werte bei einer Luftspannung von 760 mm. Endlich führt Spalte 7 die Werte an, welche die Luft hat bei einer Spannung von 760 mm QS abzüglich der Spannung des gesättigten Dampfes.

Die Zahlen der Tabelle III dienten zur Herstellung der Abb. 3, in welcher die Linienzüge 5, 6 und 7 aus den gleichbezeichneten Spalten hervorgingen. Von der Ordinatenachse ausgehende positive Abszissen der Spalte 5 erzeugen die Linie 5, welche die Wärmewerte von 1 m³ gesättigtem Dampf begrenzt, während die negativen Abszissen der Linie 6 diejenigen von 1 m³ Luft bei 760 mm QS und die Linie 7 diejenigen von 1 m³ Luft bei den Spannungen 760, vermindert um die Spannungen des gesättigten Dampfes, begrenzen.

Die Linie 5 teilt die Ebene rechts von der Ordinatenachse in 3 Gebiete. In dem mit I bezeichneten, welches von der Ordinatenachse und der 5er Linie eingeschlossen wird, ist nur eine Mischung von Dampf und Luft anzutreffen. In dem Gebiete II, welches rechts von der 5er Linie liegt, kann Dampf nicht bestehen und scheidet daher aus der Luft in Tauform aus. Die Grenzlinie 5 nennt man daher die Taupunktlinie, weil der Übergang aus dem Gebiet I in das Gebiet II Taubildung zur Folge hat.

Das III. unendlich große Gebiet, nach links begrenzt durch die Linie 5 und nach unten durch die Verlängerung des unteren Teiles der Linie 5, die dann entsteht, wenn man bis zur Spannung des gesättigten Dampfes dieselbe weiterführt, nimmt nur überhitzten Dampf auf.

Die 100er Temperaturlinie teilt noch das I. Gebiet in 2 Teile (Ia und Ib), in deren unterem aus überhitztem sich gesättigter Dampf bilden kann, in deren oberem aber nur überhitzter Dampf neben Luft sich vorfindet.

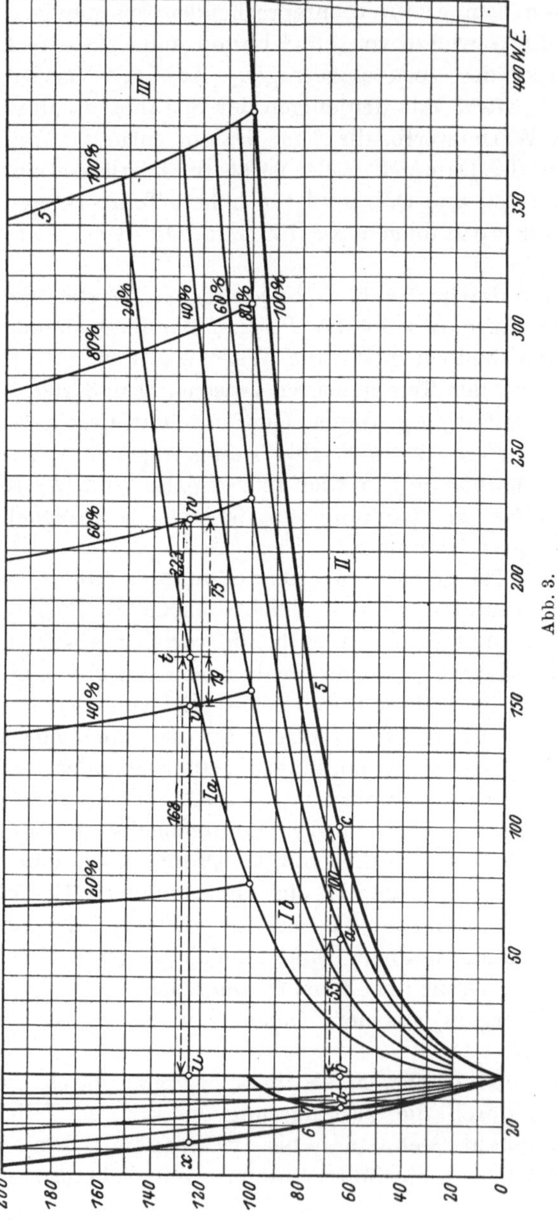

Bisher hatten wir uns ausschließlich damit beschäftigt, das Bild der Wärmewerte eines Gemisches aus gesättigtem Wasserdampf und Luft herzustellen. In der Natur treffen wir aber selten einen solchen Zustand an. Vorwiegend haben wir es mit Gemischen aus überhitztem Dampf und Luft zu tun.

Der Austausch gleicher Raumteile von Dampf gegen solche von Luft verändert nur die Wärmewerte. Diese sind im Bilde für Dampf in gleiche Teile geteilt, entsprechend 20, 40, 60 und 80 Sättigungsgraden, um den Verlauf derselben zu zeigen. Auch sie haben bei 100° C einen plötzlichen Richtungswechsel. Unterhalb der Temperatur 100 kann man auch die Abszissen, welche zwischen Ordinatenachse und der Linie 7 liegen, in gleicher Weise behandeln. Oberhalb der Temperatur 100 müßte aber für jeden Temperaturgrad eine neue Linie berechnet und gezeichnet werden, wie dies z. B. für die Temperatur 200° C geschehen ist.

Das ist umständlich, und darum hat man einen anderen Weg eingeschlagen, von dem in folgendem Abschnitte gesprochen werden soll.

Immerhin ist dieses Bild brauchbar, wenn es sich darum handelt, den Wärmewert von 1 m³ eines bestimmten Gemisches festzustellen.

So kennzeichnet z. B. der Punkt a ein Gemisch von 64,8⁰ C mit dem Dampf-Wärmewert (Strecke a—b) von 55 WE. Den Sättigungsgrad der Luft bestimmt das Verhältnis der Strecken $(a$—$b) : (b$—$c)$. Letztere Strecke hat den Wärmewert 100, und darum ist der Sättigungsgrad 55. Aus der gesättigten Luft sind 100—55 = 45 Dampfteile gegen 45 Luftteile ausgetauscht. Der Wärmewert der Luft bei 760 mm QS war gleich der Strecke b—d gleich 12,5 WE.

Dann haben die 45 : 100 Teile den Wärmewert 45 · 12,5 : 100 = 5,625 WE.

Der Punkt a kennzeichnet demgemäß ein Gemisch von 64,8⁰ C, von dem 1 m³ den Wärmewert 55 + 5,625 = 60,625 WE hat und dessen Dampf annähernd die Spannung (55 · 187) : 100 = ∼ 103 mm QS aufweist.

Ein Punkt t oberhalb der Temperaturlinie 100 von 125⁰ C hat den Dampf-Wärmewert (Strecke t—u) 168 WE. Die Strecke $(v$—$w)$ zwischen dem 40. und 60. Sättigunsggrad mißt 75 WE und die Strecke vom 40. Sättigungsgrad bis zum Punkte t 19 WE. Dann ist der Sättigungsgrad des Dampfes gleich 40 + (75 : 19) = 40 + 3,95 = 43,95.

Die Spannung des gesättigten Wasserdampfes bei 125⁰ C ist 1744 mm QS. Demnach die Spannung im Gemisch 1744 : 43,95 = ∼ 40 mm QS und die Luftspannung 760 — 40 = 720 mm QS. Bei 760 mm QS ist der Wärmewert der Luft gleich der Strecke u—x = 27 WE und folglich bei 720 mm QS gleich (27 · 720) : 760 = 25,6 WE.

4. Der Wärmewert eines Dampf-Luft-Gemisches, in dem das Luftgewicht 1 kg beträgt.

Die zeichnerischen Darstellungen werden übersichtlicher und erleichtert, wenn man wie Otto H. Müller jr.[1] von dem Dampfgehalt, der in 1 kg Luft möglich ist, ausgeht und den Wärmewert eines solchen Gemisches den Untersuchungen zugrunde legt. Um ein Bild der Wärmewerte von 0—100⁰ C zu erhalten, hat man daher, wie in Abb. 4 geschehen ist, von der links liegenden Ordinatenachse aus auf der 100er Temperaturlinie 100 · 0,2375 = 23,75 WE im Maßstab der Wärmeeinheiten nach links abzutragen und den erhaltenen Punkt mit dem Nullpunkt durch eine Gerade AB zu verbinden. Alle Abszissen zwischen dieser Linie und der Ordinatenachse vertreten die Wärmewerte von

---

[1] S. Z. d. V. d. I., Jahrg. 1905, S. 10.

1 kg reiner Luft, zwischen 0 und 100° C, bei einer Spannung von 760 mm QS.

In der Tabelle II, Spalte 5, waren die Gewichte von 1 m³ reiner Luft bei den Spannungen, welche die Luft nach Abzug der Spannungen des gesättigten Dampfes noch hat, eingetragen. Um nun den Rauminhalt von 1 kg Luft, die mit diesen Spannungen behaftet ist, zu bestimmen, hat man den gegenseitigen Wert festzustellen, also 1 durch diese Werte zu teilen. Letztere sind in Tabelle IV in Spalte 3 eingesetzt. Sie bestimmen gleichzeitig den Rauminhalt von einem Gemisch, bestehend aus 1 kg Luft und dem in ihr möglichen Dampf. Das Gewicht des letzteren ist durch Vervielfältigung dieser Werte mit denjenigen der Spalte 4 leicht zu ermitteln. Weiterhin sind die Wärmewerte, die

Tabelle 4.

1	2	3	4	5	6	7
Temperaturen in ° C.	Gewicht 1 m³ reiner Luft bei der Spannung 760, abzüglich Dampfspannung in kg	Rauminhalt von 1 kg 100er Dampfluft in m³	Gewicht von 1 m³ Dampf in g	Dampfgewicht, das 1 kg Luft aufnehmen kann, in g	Wärmewert von 1 kg Dampf in Wärmeeinheiten	Wärmewert des Dampfes in 1 kg Luft in Wärmeeinheiten
0	1,283	0,778	4,88	3,797	595	2,259
10	1,233	0,810	9,38	7,600	599	4,551
20	1,177	0,855	17,20	14,71	604	8,882
30	1,117	0,895	30,18	27,01	609	16,41
40	1,046	0,956	50,89	48,65	613	29,82
50	0,961	1,041	82,71	86,18	618	53,21
60	0,850	1,177	129,9	152,9	623	95,25
70	0,712	1,405	198,0	278,2	627	174,5
80	0,534	1,874	293,4	549,8	631	346,9
90	0,299	3,343	423,9	1471	636	911,3
100	0	∞	598,7	∞	640	∞

1 kg gesättigtem Dampf entsprechen, in Spalte 6 der Tabelle IV zusammengestellt. Vervielfältigung mit denjenigen in Spalte 5 bringt endlich die in Spalte 7 eingesetzten Werte. Sie zeigen an die Wärmewerte des gesättigten Dampfes in 1 kg Luft.

Die Abb. 4, die bis zu einem Wärmewert von 200 WE reicht, zeigt außer der im Eingang dieses Abschnittes erwähnten Linie AB, welche die Wärmewerte der trocknen Luft begrenzt, noch folgende, auf die Luft sich beziehende Linien: die Linie Lr 760, deren Abszissen, gemessen in Zentimeter, den Rauminhalt angeben, den die Luft zwischen den Temperaturgrenzen von 0—100° C einnimmt.

Es folgt die Linie Lv (760—p), deren Abszissen in gleichem Maßstab den Raum anzeigen, den 1 kg Luft einnimmt, wenn sie mit Wasserdampf erfüllt ist. Deren Abszissenwerte sind der Spalte 3 Tabelle IV entnommen.

Diese beiden Linien schließen den **Unterschied des Rauminhaltes** von trockner und der mit gesättigtem Wasserdampf erfüllten Luft ein.

Auf den Dampf beziehen sich die Linien: T, welche die Wärmewerte der Taupunktlinie, die Linie Sd, welche die Spannungen des gesättigten Dampfes, und die Gd-Linie, die das spezifische Gewicht des gesättigten Dampfes angeben.

Die Werte der Abszissen dieser Linien sind der Tabelle IV entnommen. Für die Taupunktlinie gilt als Maß die Wärmeeinheit, für die Spannungslinie das Maß Millimeter Quecksilbersäule und schließlich für das spezifische Gewicht das Gramm.

Die Abb. IV erzählt uns z. B. folgendes:

1. Das durch den Punkt b gekennzeichnete Dampf-Luft-Gemisch hat die Temperatur 65° C, denn b liegt in der Mitte zwischen den Temperaturlinien 60 und 70° C. 2. Das Gemisch besteht aus gesättigtem Dampf und Luft, denn b liegt in der Taupunktlinie. 3. Der Wärmewert

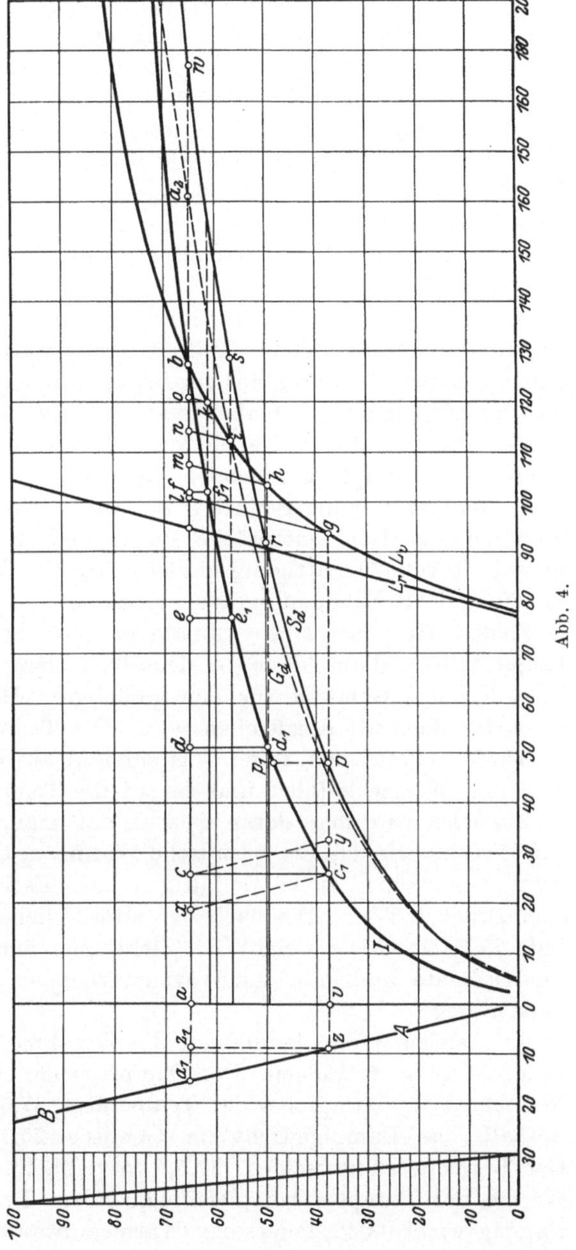

Abb. 4.

des Dampfes wird durch die Strecke a—b dargestellt, die 127,5 WE
mißt. 4. Der Wärmewert von 1 kg Luft bei der Temperatur 65° C,
gemessen durch die Strecke a—a_1, beträgt 15,7 WE. Das Gemisch hat
also den Wärmewert 127,6 + 15,7 = 143,3 WE. 5. Nennt es die Spannung des gesättigten Dampfes im Gemisch, gemessen durch die Strecke
a—w = 187,2 mm QS, woraus die Spannung der Luft zu 760—187,2
= 572,2 mm QS hervorgeht. 6. Zeigt es das spezifische Gewicht des
Dampfes an, durch die Strecke a—a_2 = 162 g. Auch 7. können wir
ihm den Rauminhalt des Gemisches entnehmen durch die Strecke
a—b = 1,276 m³.

Aus dem Begriff der relativen Feuchtigkeit der Luft kann man
folgern, daß der xhunderste Teil des Dampfwärmewertes eines Dampf-
Luft-Gemisches dem xten Sättigungsgrade entsprechen muß. Es ist
also zunächst unsere Aufgabe, diese Frage zu prüfen.

Wir teilen zu diesem Zweck den Wärmewert a—b des aus Luft und
gesättigtem Dampf bestehenden Gemisches von 65° C in 5 gleiche
Teile, wodurch wir die Punkte c, d, e und f erhalten. Die durch c gekennzeichnete Luft entspräche dann, dem Sprachgebrauch gemäß,
einer Luft von 20 Sättigungsgraden. Die Punkte d, e und f würden
40, 60 und 80 Sättigungsgrade aufweisen.

Ziehen wir von c eine Ordinate bis zum Schnittpunkt c_1 mit der
Taupunktlinie, dann hat c_1—v denselben Dampfwärmewert wie a—c.
In c_1 hat das Gemisch für den gesättigten Dampf den Wärmewert
c_1—v, für die Luft desgleichen v—z. Die Temperatur des Gemisches
ist 37,5° C. Fragt man nun: Was entsteht aus diesem Gemisch, wenn
man ihm Wärme zuführt und es auf die Temperatur 65° C bringt?

Zunächst wird man daran denken, daß man, um die Luft von 37,5
auf 65° C zu bringen, die spezifische Wärme c_p der Luft mit dem Temperaturunterschied zu vervielfältigen hat. Es ist c_p bei gleichbleibendem Druck 0,2375. Demnach der erforderliche Wärmewert für 1 kg
Luft 27,5 · 0,2375 = ∼ 6,5 WE. Zieht man im Bilde von z nach z_1
eine Ordinate und mißt den Wärmewert a_1—z, so bestätigt sich diese
Berechnung.

In gleicher Weise kann man die Zunahme des Wärmewertes des
Dampfes c_1—v bestimmen. Der Dampfwärmewert ist gleich 25,75 WE.
Nun hat 1 kg Dampf bei der Temperatur 37,5 den Wärmewert 617,
weshalb das Dampfgewicht im Gemisch 25,75 : 617 = 0,042 kg ist.
Der Temperaturunterschied 27,5, vervielfacht mit der spezifischen
Wärme des Dampfes bei gleichbleibendem Druck = 0,475 und dem
Dampfgewicht 0,042, liefert den Wärmeaufwand für diese Temperatur-
erhöhung zu 0,55 WE. Gegenüber dem Wärmewert des Gemisches von
41 ist dieser Wert klein und im Bilde schlecht darzustellen. Da ferner
das Gebiet, in dem die Zustandsänderungen bei Trocknungsvorgängen

sich abspielen, klein ist, kann dieser Wärmewert unberücksichtigt bleiben. Dies um so mehr, weil bei den höheren Sättigungsgraden von 40, 60 und 80 diese Wärmewerte die Beträge von 0,58, 0,47 und 0,27 WE annehmen, also abnehmen.

Ganz besonders soll hier noch darauf aufmerksam gemacht werden, daß in dem gesättigten Gemisch von $37,5^0$ C, dargestellt durch die Strecke z—c_1, die Dampfspannung genau die gleiche ist wie diejenige in dem Gemisch von 20 Sättigungsgraden bei 65^0 C, welches durch die Stecke $a_1 c$ gekennzeichnet ist.

Für das Gemisch von 65^0 C bei 40, 60 und 80 Sättigungsgraden können wir in gleicher Weise die entsprechenden Berechnungen durchführen und finden dann, daß die Dampfspannungen betragen:

Bei 20 Sättigungsgraden	48 mm QS	37,5
„ 40 „	92 „ „	75
„ 60 „	129 „ „	112,5
„ 80 „	159,5 „ „	150

Die neben der Reihe hinzugefügten Zahlen entstehen, wenn man annimmt, daß die Spannungen der Dämpfe in Gemischen verhältnisgleich seien den Sättigungsgraden. Weil der gesättigte Wasserdampf nun bei 65^0 C die Spannung aufweist von 187,5, folgten daraus für die angegebenen Sättigungsgrade die Spannungen 37,5, 75, 112,5 und 150. Letztere Annahme ist zwar gebräuchlich geworden, aber die vorstehende Entwicklung widerspricht ihr.

Das kleine Gebiet, in welchem die Zustandsänderungen der Gemische bei Trocknungsfragen erfolgen, liegt sehr nahe den kritischen Punkten der Gase, und dieser Umstand sollte daher nicht unberücksichtigt bleiben.

Nun ist noch die Frage zu prüfen, ob der Rauminhalt der Luft und des Dampfes in den unvollkommen gesättigten Gemischen übereinstimmen.

Die Verlängerungen der Abszissen durch c_1, d_1, e_1 und f_1 schneiden die Kurve der Rauminhalte der gesättigten Luft in den Punkten g, h, i und k.

Um den Rauminhalt der durch c_1 gekennzeichneten Luft zu finden, wenn sie von der Temperatur in g auf die Temperatur 65^0 C erwärmt wird, erinnern wir uns an das Verhalten der Gase, nämlich, daß sie sich für jeden Grad Temperaturerhöhung um $1:273$ ihres Rauminhaltes ausdehnen, und darum ziehen wir von g aus zur Linie des Rauminhaltes reiner Luft eine Gleichgerichtete g—l. Die Abszisse a—l vertritt dann den Rauminhalt einer Luft von 20 Sättigungsgraden.

In gleicher Weise erhält man, von den Punkten h, i und k ausgehend, die Punkte m, n und o. Die Strecken l—m, m—n und n—o sind untereinander gleich. Da sie sowohl für Luft als auch Dampf gelten, herrscht Übereinstimmung in ihren Rauminhalten.

Damit wäre nun erwiesen, daß der Wärmewert xgrädiger Luft gleich ist dem x : 100. Teil des Wärmewertes der gesättigten Luft von gleicher Temperatur.

Eigenschaften des Diagramms.

In Abb. 4 kennzeichnet jeder Punkt, der zwischen der links von der Ordinatenachse liegenden Geraden $A B$ und der Taupunktlinie liegt, einen Zustand der Luft in bezug auf Temperatur, Sättigungsgrad, Dampfgewicht und Wärmewert. Unterhalb der Taupunktlinie sind nur Zustände möglich von Mischungen aus Luft, Dampf und Wasser.

So zeigen die Punkte a, c, d, e, f, b zwar gleiche Temperaturen an, aber die Wärmewerte sind verschieden und darum auch die Dampfgewichte und Spannungen. Punkt a zeigt den Zustand einer reinen Luft bei der Temperatur 65. Der Wärmewert derselben ist gleich der Strecke $a—a_1 = 15,3275$ WE, ihre Spannung gleich dem Atmosphärendruck $= 760$ mm QS und ihr Gewicht gleich 1 kg.

Die verschiedenen Zustände dieser Punkte zeigt nachstehende Tabelle.

Tabelle 5.

	Temperatur	Wärmewerte	Spannung des Dampfes	Spannung der Luft	Dampfgewicht
a	65	15,3275	—	760	—
c	65	25,52	48	712	0,04186
d	65	51,04	90,80	669,2	0,08372
e	65	76,56	129	650,9	0,12558
f	65	102,08	160	600	0,16754
b	65	127,6	187,3	572,7	0,20820

In den Punkten c_1, d_1, e_1, f_1 hat sich nur die Temperatur vermindert auf 37,4, 49,6, 58,8 und 61,4° C, während die übrigen Werte bestehen bleiben.

Ein Punkt p, der unterhalb der Taupunktlinie liegt, würde folgenden Zustand der Luft angeben: Temperatur 37,4° C, Wärmewert der Luft $= 9$ WE und des in ihr befindlichen Dampfes $= 25,52$ WE, Spannung des Dampfes $= 48$, desgl. der Luft $= 712$ mm QS, Gewicht des Dampfes $= 0,04186$ kg, außerdem aber noch, daß in ihr Wasser in Nebelform enthalten ist. Die Temperatur des letzteren ist 37,4° C, und das Gewicht entspricht einem Dampfwärmewert gleich der Strecke $c_1—p$.

Es ist $c_1—p = 23,3$ WE, und weil bei der Temperatur 37,4° C der Wärmewert von 1 kg Dampf $= 612$ WE ist, erhalten wir das Wassergewicht zu $23,3 : 612 = 0,038$ kg.

Für den Zustand eines Gemisches, bestehend aus Luft, Dampf und Wasser, ist die Bezeichnung „feuchte Luft" angemessen, nicht aber für Luft, die nur wenig Dampf enthält. In letzterer ist der Dampf

überhitzt, also sehr trocken. Für diesen Zustand ist der Kürze halber
der Ausdruck „xer Luft" benutzt, indem x den Sättigungsgrad bezeichnet.

Der Ausdruck „gesättigte Luft" bezeichnet den Zustand derselben
nicht einwandfrei, denn in ihr ist nur der Dampf gesättigt. Weil die
Luft aber dann keinen Dampf mehr aufnehmen kann, ist er nicht
geradezu widersinnig.

Anwendung des Diagramms.

Um nicht immer ein neues Diagramm aufzeichnen zu müssen,
empfiehlt es sich, es auf stärkeres Papier zu zeichnen und darauf durch-
sichtiges zu legen. Auf letzterem sind dann die durch Linienzüge dar-
stellbaren Zustandsänderungen zu zeichnen und nachträglich das Diagramm zu pausen.

Es sei beispielsweise eine 100er Luft vorhanden, welche die
Temperatur 37,4⁰ C habe, so finden wir im Diagramm diesen Zustand durch Punkt c_1 in Abb. 4 gekennzeichnet; denn dieser
Punkt liegt auf der Temperaturlinie 37,4 und der Taupunktlinie.
Leiten wir diese Luft über Heizflächen, dann nimmt sie Wärme
auf, und dieser Vorgang erfolgt in der Richtung der Ordinate.
Die Linie, die von c_1 nach c führt, zeigt an, daß die Luft in c
eine Temperatur von 65⁰ C erreicht hat. Eine Gleichgerichtete aus
c_1 zur Erwärmungslinie AB der Luft schneidet die 65er Temperaturlinie in x, und die Strecke x—c läßt erkennen, daß 7 WE dazu verbraucht wurden.

Will man wissen, welchen Sättigungsgrad diese Luft dann aufweist, so hat man das Verhältnis der Strecken $ac : ab$ zu bestimmen,
welches nach Voraufgegangenem $1 : 5$ ist und somit einer 20er Luft
entspricht.

Leitet man diese Luft in einen Trocknungsraum, in dem Gefäße
mit Wasser aufgestellt sind, dann tauschen Luft und Wasser Wärme
aus. Diese Wärme verdampft einen Teil des Wassers. Die Temperatur
der Luft nimmt ab. Diesen Austausch kann man darstellen durch eine
Gleichgerichtete zu c_1—x oder zu AB durch c.

Die 20er Luft von 65⁰ C in c hat einen Wärmewert c—a_1, bestehend
aus dem Dampfwärmewert c—a und dem Luftwärmewert a—a_1. Dieser
Wärmewert ist gleich dem Wärmewert c_1—z der 100er Luft von 37,4⁰ C,
bestehend aus dem Luftwärmewert v—z und dem Dampfwärmewert
c_1—v, vermehrt um den von den Heizflächen gelieferten Wärmewert
c—x, der gleich ist dem Wärmewert c_1—y.

Das Voraufgegangene begründet folgende Regeln:

1. Um die Erwärmung von „xer Luft" darzustellen, folgen wir
der Richtung der Ordinate nach oben.

2. Um eine Abkühlung derselben darzustellen, folgen wir der Richtung der Ordinate nach unten.

3. Um einen Vorgang darzustellen, der den Austausch der Wärme zwischen Luft und Wasser kennzeichnet, folgen wir der Richtung der Lufterwärmungslinie $A—B$ nach unten.

4. Eine Wärmezuwachs erfolgt in der Richtung der Abszisse gegen die Taupunktlinie, eine Wärmeverminderung in entgegengesetztem Sinne.

Auf diesen zeichnerisch sehr einfachen Mitteln begründet sich die ganze Kunst, von Trocknungsvorgängen ein anschauliches Bild zu gewinnen.

Einen Mangel hat diese Schaulinie.

Bei einer Temperatur von 100° C und der atmosphärischen Spannung von 760 mm QS wird in dem 100grädigen Dampf-Luft-Gemisch die Menge des Dampfes unendlich groß. Infolgedessen auch der Wärmewert des letzteren.

Da wir nicht imstande sind, eine Unendlichkeit zu teilen, können wir auch keine Sättigungsgrade in der 100er Temperaturlinie angeben. Die Linien gleicher Sättigung sind daher Asymptoten zur 100er Temperaturlinie. Wollen wir den Sättigungsgrad eines Dampf-Luft-Gemisches über 100° C festzustellen suchen, dann müssen wir uns an die Abb. 2 wenden.

Aber dieser Mangel wird nur in außerordentlich seltenen Fällen empfunden werden, weil die für Trocknungsfragen wissenswerten Zustände fast immer unter der 100er Temperatur liegen. Annehmlichkeit schafft der Umstand, daß wir in der Folge, außer der Ordinatenachse, fast nur noch die Linien L und S zu unseren Untersuchungen heranzuziehen brauchen. Neuere Diagramme bedürfen einer solchen Menge verschiedenartiger Linien, daß sie geeignet sind, zu Verirrungen hinzuführen.

Bei einigen der folgenden Abbildungen, die der ersten Auflage entnommen sind, liegt, abweichend von den bisher betrachteten, die Grenzlinie der erwärmten Luft rechts von der Ordinatenachse und anschließend daran die Dampfwärmewerte bis zur Taupunktlinie. Man kann dadurch die Summe der Luft- und Dampfwärme, die in 1 kg Luft enthalten sein können, ablesen. Gleichzeitig zeigen sie den Trocknungsverlauf an in Fällen, wo die Luft immer mit derselben Temperatur in den Trocknungsraum eintritt. Die Erwärmungs- und Abkühlungslinien vertauschen dann ihre Lage.

Bevor wir uns mit Trocknungsvorgängen beschäftigen, wollen wir die Frage zu beantworten suchen: Wie ist der Wärmeaustausch zwischen verschiedenartigen Stoffen darstellbar?

5. Über den Wärmeaustausch zwischen verschiedenen Körpern.

Der Wärmewert eines Körpers ist abhängig von der Temperatur und der spezifischen Wärme des Körpers. $W = M \cdot c_p \cdot t$. Ist $M = 1\,\mathrm{kg}$, so ist $W = c_p \cdot t$. Solange c_p konstant ist, können wir die Wärmewerte

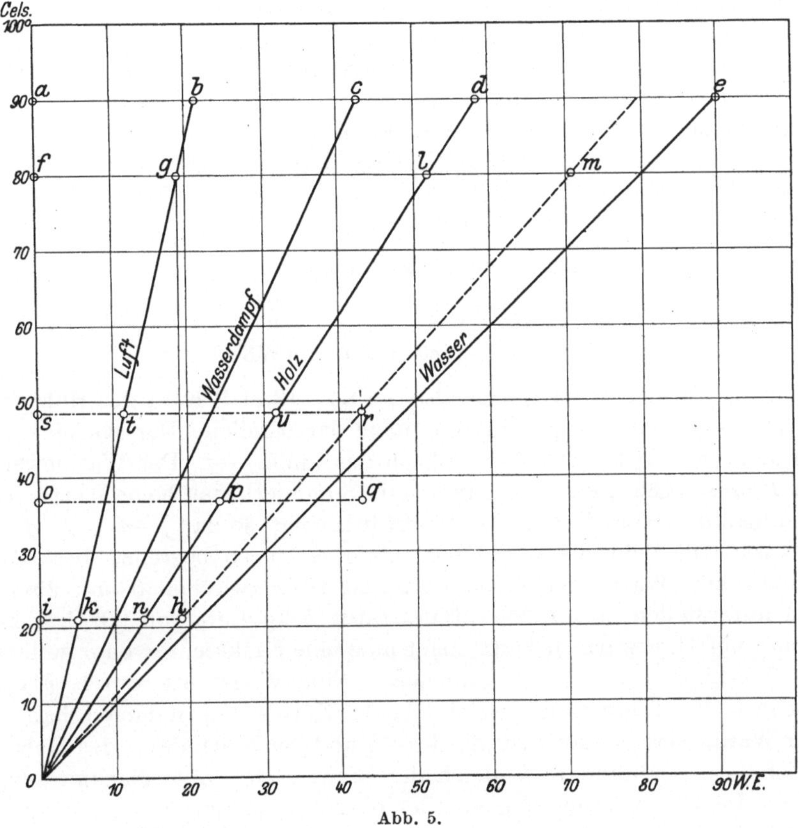

Abb. 5.

bei verschiedenen Temperaturen durch eine gerade Linie begrenzen, wie wir dies für die trockne Luft schon anwendeten. Nun ist die mittlere spezifische Wärme des

$$\begin{aligned}
\text{Wasserdampfes} &= 0{,}47 \\
\text{Holzes} \ldots &= 0{,}65 \\
\text{Wassers} \ldots &= 1\,.
\end{aligned}$$

Berechnen wir für eine beliebige Temperatur, z. B. 90° C, die Wärmewerte und tragen sie an die Temperaturlinie an, so erhalten wir für trockne Luft die bekannte Linie a—b. (S. Abb. 5.)

Für Wasserdampf 0,475 · 90 = 42,75 WE = der Linie a—c
„ Holz . . . . 0,65 · 90 = 58,5 „ = „   „ a—d
„ Wasser . . . 1 · 90 = 90   „ = „   „ a—e .

Von den Punkten b, c, d, e gezogene Linien nach Punkt 0 begrenzen die einzelnen Wärmewerte der verschiedenen Körper von 0—90°.

Haben wir einen Körper von bestimmter Temperatur und kommt dieser in Berührung mit einem Körper von geringerer Temperatur, so findet eine Wärmeaustausch statt, und zwar so lange, bis beide Körper die gleiche Temperatur angenommen haben.

1 kg Luft von 80° C hat einen Wärmewert von 0,2375 · 80 = 19 WE.

Der Wärmewert 19 würde 1 kg Luft und 1 kg Holz von 0° C auf die Temperatur x bringen, und wenn wir setzen:

$$x · (0,2375 + 0,65) = 19 ,$$

wird

$$x = \sim 21,4° \, C .$$

Es hat dann die Luft einen Wärmewert von

das Holz
$$0,2375 · 21,4 \ . \ . \ . = 5,08$$
$$0,65 \ · 4 \ . \ . \ . = 13,91$$
in Summa 18,99 = 19 WE .

Beim Wärmeaustausch gibt also die Luft 13,91 WE an das Holz ab.

Dieser Vorgang ist graphisch einfach darzustellen. Der Wärmewert der Luft bei 80° (s. Abb. 5) ist gleich der Linie f—g. Der Wärmewert des Holzes bei 80° gleich der Linie f—l. Summiert man beide Werte, indem man den Wert f—l an den Punkt g anträgt, so daß f—$m = f$—$g + f$—l ist, und zieht die punktierte Linie m—0, so begrenzt diese die Summe aller Wärmewerte von Luft und Holz zwischen 0 und 80° C. Um festzustellen, auf welche Temperatur 1 kg Luft von 80° C, 1 kg Holz von 0° C erwärmen kann, zieht man eine Senkrechte von g, welche die 0-m-Linie in Punkt h schneidet. Eine Wagrechte durch h bezeichnet die Temperatur, welche beide Körper angenommen haben. Der Wärmewert der Luft ist gleich i—k und der Wärmewert des Holzes gleich i—n, während i—h gleich der Summe ist. Eine Nachmessung ergibt die Übereinstimmung mit der obigen Rechnung.

Hatte das Holz schon einen Wärmewert, z. B. den Wert op, d. h. eine Temperatur von 38° C, so trägt man an op den Wert $pq = fg$. Eine Senkrechte durch q schneidet dann die m0-Linie in r. Die Temperatur des Holzes und der Luft ist dann 48,5° C. Durch den Wärmeaustausch ist der Wärmewert der Luft von fg auf st zurückgegangen; der Wärmewert des Holzes ist von op auf su gestiegen.

In Abb. 6 ist ein Vorgang dargestellt, wie er bei der Berührung von erwärmter Luft mit Wasser eintritt.

Es ist A die Begrenzungslinie der Wärmewerte der trocknen Luft, B die Begrenzungslinie der gesättigten Luft und C die Begrenzungslinie

der Wärmewerte von 1 kg Wasser. Zunächst summieren wir die Wärmewerte von Luft und Wasser und erhalten dadurch die Begrenzungslinie C—s.

Der Wärmewert ab einer Luft von 80^0 C würde Luft und Wasser
von 0^0 C auf die Temperatur des Punktes c bringen, sofern eine Dampfbildung aus dem Wasser vermieden werden könnte.

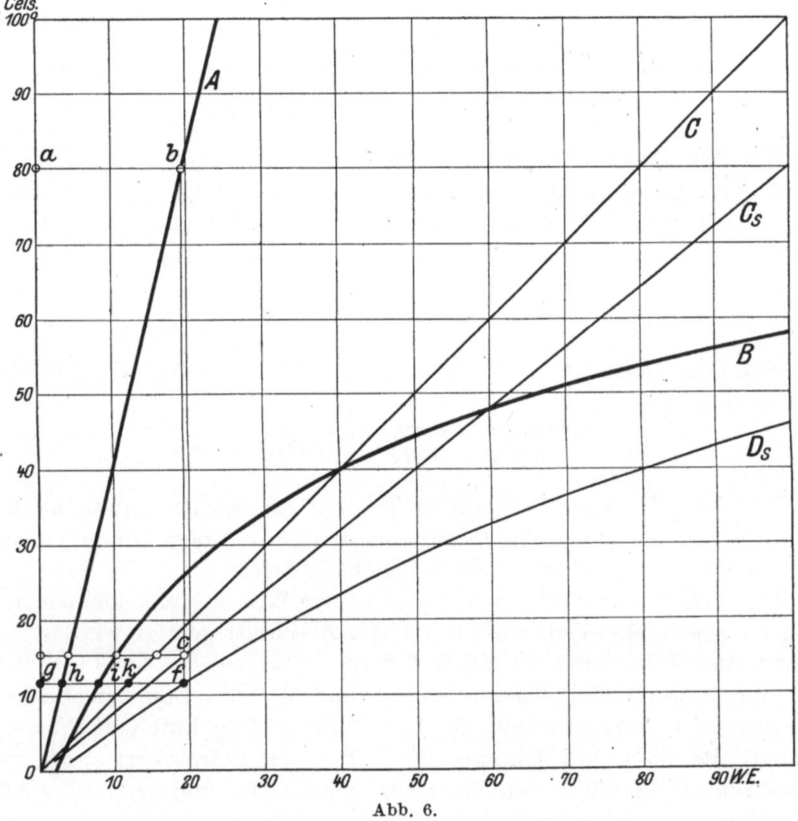

Abb. 6.

Es wirkt also hier der Wärmewert ab nicht nur auf Luft und Wasser,
sondern auch auf Dampfbildung, also auf einen dritten Körper. Die
Wärmewerte dieses dritten Körpers, nämlich des in 1 kg Luft möglichen Dampfes, sind uns durch die Kurve der gesättigten Luft bekannt. Sie liegen (Abb. 6) zwischen der A- und B-Linie. Diese Werte
tragen wir an die Cs-Linie und erhalten dann die Ds-Linie. Letztere
begrenzt die Summe aller in Frage kommenden Wärmewerte. Die Ds-
Linie wird im Punkt f von einer Senkrechten durch Punkt b geschnitten.
Der Punkt f und die durch ihn gezogene Wagrechte sagt uns, daß

durch Wärmeaustausch 1 kg Luft von 80^0 C, 1 kg Luft von 0^0 C und 1 kg Wasser von 0^0 C auf die Temperatur in f gebracht und gleichzeitig die bei der Temperatur in f in einem Kilogramm Luft mögliche Dampfmenge entwickelt hat.

„Es ist gh der Wärmewert der Luft, gk der Wärmewert des Wassers und hi der Wärmewert des Wasserdampfes bei der Temperatur in f."

6. Über die Temperaturänderung bei Mischung von Luft und Wasserdampf.

Die Richmannsche Regel lautet:

$G + G_1$ kg einer Mischung, entstanden aus G kg eines Körpers von t^0 und der spezifischen Wärme c und aus G_1 kg eines Körpers von t_1^0 und der spezifischen Wärme c_1, haben eine Temperatur von

$$t_m = \frac{c \cdot G \cdot t + c_1 \cdot G_1 \cdot t_1}{c \cdot G + c_1 \cdot G_1} .$$

Für 1 kg Luft von 55^0 C und 1 kg Wasserdampf von 45^0 C ergibt die Rechnung:

$$t_m = \frac{0{,}2375 \cdot 55 + 0{,}475 \cdot 45}{0{,}2375 + 0{,}475} = 48{,}33 \ldots \text{WE} .$$

Für die graphische Darstellung hat man zu beachten, daß für die Temperaturbildung nur die spezifische Wärme in Frage kommt, nicht aber die zur Dampfbildung erforderliche Wärme.

Den Wärmeaustausch zwischen Luft und Wasserdampf können wir daher ebenso darstellen, wie im vorigen Abschnitt gezeigt wurde.

In Abb. 7 begrenzt die Linie $0A$ die Wärmewerte der Luft, $0B$ die Wärmewerte des Wasserdampfes und $0C$ die Summen beider, zwischen den Temperaturen 0—100^0 C für je 1 kg Luft und Wasserdampf. Bei 55^0 C hat demnach die Luft einen Wärmewert $= ab$, der Wasserdampf bei 45^0 C den Wert cd. Macht man nun $ce = cd + ab$, so schneidet eine Senkrechte durch e die $0C$-Linie in f. Die wagrechte Linie fg gibt die Temperatur des Gemisches zu 48,3 WE in Übereinstimmung mit der Berechnung an.

Soll Luft von x vH Feuchtigkeitsgrad und t^0 C Temperatur mit Luft von x_1 vH Feuchtigkeitsgrad und t_1^0 C Temperatur gemischt werden, so lautet nach der Richmannschen Formel die Berechnung:

$$t_m = \frac{(c \cdot G + c_1 G_1) t + (c G_2 + c_1 G_3) t_1}{c (G + G_2) + c_1 (G_1 + G_3)} ,$$

worin G_1 und G_3 das sich aus dem Feuchtigkeitsgrade ergebende Wasserdampfgewicht berechnet.

Gegeben seien 1 kg Luft von 30 vH Feuchtigkeitsgrad und 75⁰ C und 1 kg Luft von 40 vH Feuchtigkeitsgrad und 65⁰ C. Der Zustand der Mischung soll festgestellt werden.

1 kg Luft enthält bei 75⁰ C im gesättigten Zustande 0,387 kg Wasserdampf, demnach bei 30 vH 0,1161 kg. Desgleichen enthält 1 kg Luft

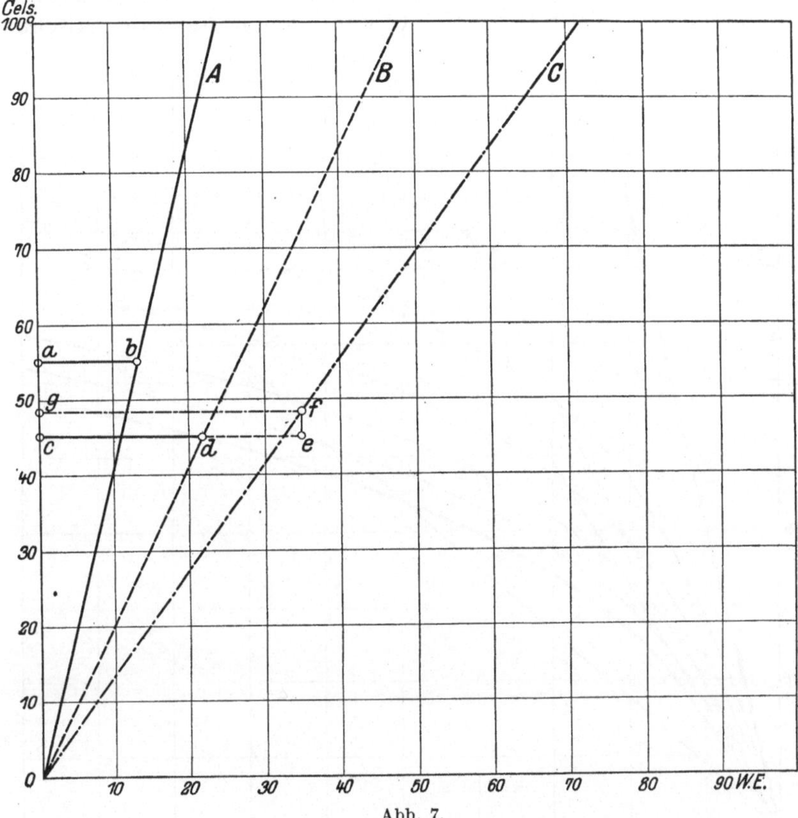

Abb. 7.

von 65⁰ C im gesättigten Zustande 0,206 kg Wasserdampf und demnach bei 40 vH Sättigung 0,0824 kg. Es ist dann:

$$t_m = \frac{(0{,}2375 + 0{,}475 \cdot 0{,}1161)\,75 + (0{,}2375 + 0{,}475 \cdot 0{,}0824)\,65}{0{,}2375 \cdot 2 + 0{,}475\,(0{,}1161 + 0{,}0824)}$$

und daraus

$$t_m = 70{,}1^0\,C\,.$$

Es ist nun in Abb. 7 a—b der Wärmewert von 1 kg 30 vH feuchter Luft von 75⁰ C und cd der Wärmewert von 1 kg 40 vH feuchter Luft von 65⁰ C.

Da wir den Zustand von 1 kg der Mischung suchen, halbieren wir die Werte ab und cd und ziehen die Begrenzungslinien $0e$ und $0f$. Machen wir dann $eh = ag$ und ziehen $0h$, dann begrenzt diese Linie die Summe beider Werte. Tragen wir dann $ae = \dfrac{ab}{2}$ an $cf = \dfrac{cd}{2}$, so erhalten wir Punkt i, durch den eine Senkrechte die Summierungslinie $0h$ in k schneidet. Der Punkt k gibt dann den Zustand der Mischung

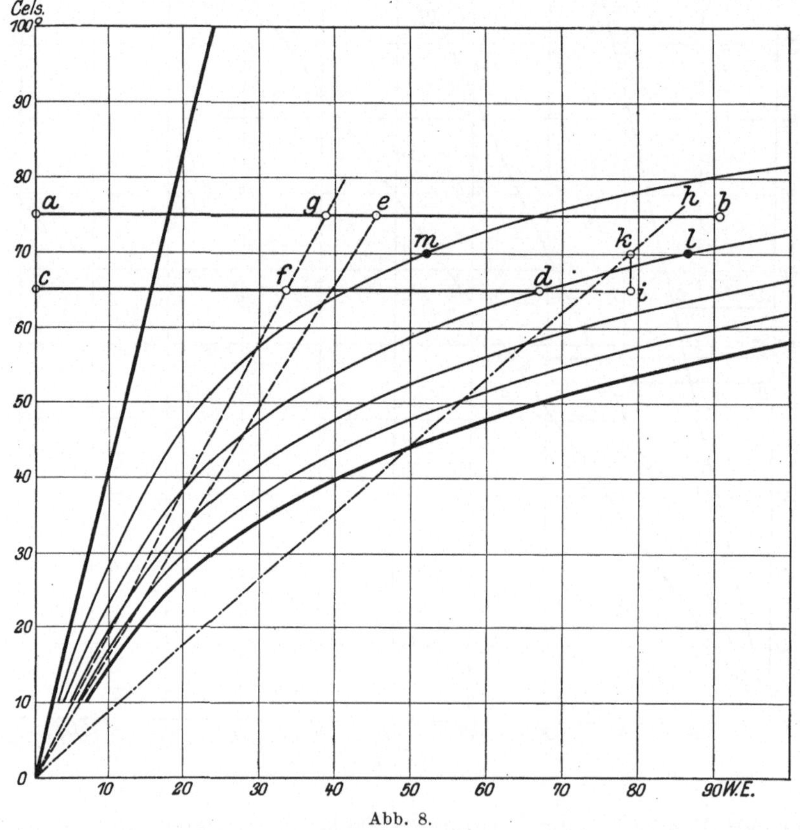

Abb. 8.

an. Er liegt etwas über der 70er Temperaturlinie, entsprechend der bei der Berechnung gefundenen Temperatur 70,1° C.

Während aber durch die Berechnung nach der Richmannschen Formel nur die Temperatur des Gemisches gefunden wird, finden wir nach dem graphischen Verfahren gleichzeitig den Feuchtigkeitsgrad.

Durch Nachmessung ermitteln wir den Abstand der 20er und 40er Sättigungsgradlinie (Punkte l und m) zu 34,5 und die Linie mk zu 27, so daß der Sättigungsgrad $= 20 + \dfrac{20,27}{34,5} = 35,65$ vH erscheint.

7. Das Trockengut.

Dem Diagramm eines Dampf-Luft-Gemisches wollen wir gegenüberstellen ein Diagramm des mit Flüssigkeit behafteten Gutes. Letzteres wird während seines Aufenthaltes im Trocknungsraum begleitet von seinen Trägern. Diese bestehen aus Horden, Stangen u. dgl. und werden befördert durch Ketten oder Wagen, wie sie die Eigenart des Stoffes bedingt. Sie nehmen an den Temperaturänderungen teil, und je nachdem ihr Wärmewert gegenüber dem des Gutes groß oder klein ist, haben sie bestimmenden Einfluß auf die Ausnutzung der für den Trocknungsvorgang nötigen Wärme. In der Folge wird sich zeigen, daß die hierzu zu verbrauchende Wärme klein gehalten werden kann.

Durch die Umfassungswände des Trocknungsraumes wird ein Teil der in ihm wirkenden Wärme abgeleitet, und wenn auch die Wände aus schlecht wärmeleitenden Stoffen hergestellt sind, bleibt ein Verlust, der durch die Art des Trocknungsvorganges n i c h t gemildert werden kann.

Der Wärmewert des Gutes G und der Träger T bilden Teile des Diagramms. Der erstere ist bestimmt durch die spezifische Wärme des Gutes. Die Bestimmung des Wärmewertes der Träger kann erfolgen aus dem Verhältnis des Gewichtes derselben zum Gewichte des Gutes und der mittleren spezifischen Wärme der Stoffe, aus denen sie gebildet sind. Überschläglich kann man einen Hundertsatz wählen; doch wird ein gewissenhafter Trocknungstechniker sich für die besonderen Stoffe diese Verhältnisse zu beschaffen suchen. Schon die Tafeln der spezifischen Wärme sind äußerst lückenhaft und Verhältniszahlen des Gutes zu den Trägern nicht gesammelt.

Stellen wir die Summe dieser Wärmewerte dem Wärmewert von 1 kg Luft (L) gegenüber, so wird

$$L = x\,(G + T)\,,$$

und weil bei 100° C $L = \sim 24$ ist,

$$x = 24 : (G + T)\,.$$

Um die sich aus diesen Überlegungen ergebenden Verhältnisse darzustellen und den Unterschied zu zeigen, der sich aus der Art des Gutes ergibt, wollen wir ein Wärmediagramm von Flachsgarn mit 60 vH Wasser, einem solchen von Brotzucker mit 6 vH Wasser gegenüberstellen. Garn hängt man auf verzinkte schmiedeiserne Stangen und diese auf entsprechend ausgebildete Wagen. Dabei ist das Flachsgewicht gleich einem Fünftel des Eisengewichtes.

Die spezifische Wärme des Flachses ist 0,6 und diejenige des Eisens 0,11.

Weil bei 100° C 1 kg Luft den Wärmewert 24 hat und derjenige von Gut und Träger zusammen 24 betragen soll, so muß sein:

$$x \cdot (60 + 11 \cdot 5{,}5) = 24$$

oder:

$$x = 24 : 120{,}5 = \sim 0{,}2\,.$$

Es stehen dann dem Wärmewert von 1 kg Luft bei 100° C gegenüber $60 \cdot 0,2 = 12$ WE Flachs und $60,5 \cdot 0,2 = 12,1$ WE Eisen. Es
entsprechen aber 12 WE Flachs $12 : 0,6 \cdot 100 = 0,2$ kg Flachs, und
12 WE Eisen $12 : 0,11 \cdot 100 = \sim 1$ kg Eisen.

In Abb. 9 sind die Wärmewerte der Träger (Eisen) und des Gutes
(Flachs) durch die — · — · — Linie getrennt. Für Zucker erhalten wir
in gleichartiger Entwicklung die Linie — — — —, denn die spezifische

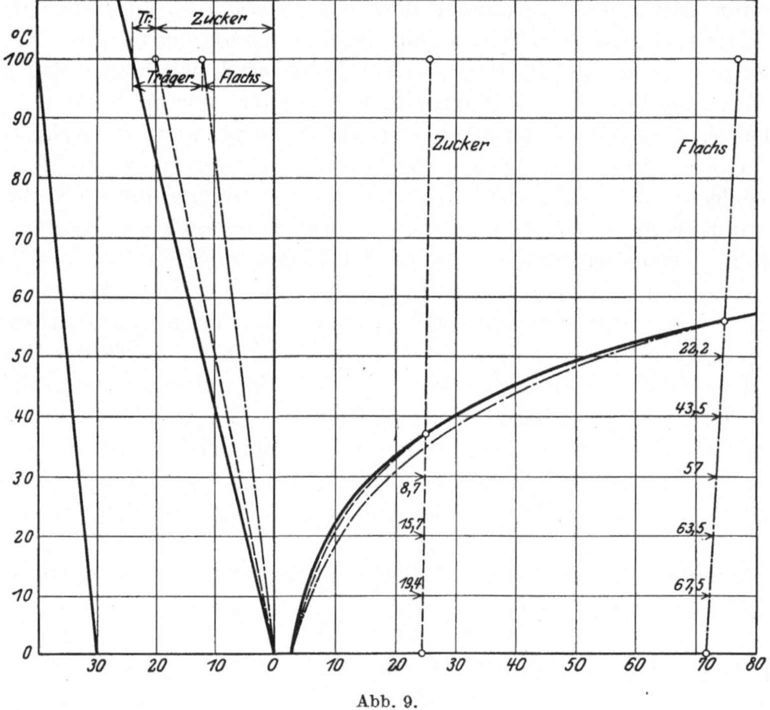

Abb. 9.

Wärme des Zuckers ist 0,3. Das Gewichtsverhältnis des Zuckers zu den
eisernen Wagen ist $2 : 1$, so daß hier

$$x (0,3 \cdot 100 \cdot 2 + 0,11 \cdot 100) = 24$$

oder:

$$x = 24 : (60 + 11) = 0,338 \,.$$

Einem Kilogramm Luft bei 100° C stehen dann gegenüber $60 \cdot 0,338$
$= 20,28$ WE Zucker und $11 \cdot 0,338 = 3,718$ WE Eisen. Es entsprechen nun 20,28 WE Zucker $20,28 : 0,3 \cdot 100 = 0,676$ kg Zucker
und 3,718 WE Eisen $3,718 : 0,11 \cdot 100 = 0,338$ kg Eisen.

Aus dem Flachsgarn sind 60 vH aufzutrocknen, also $0,2 \cdot 0,6 = 0,12$ kg
Wasser, aus dem Zucker 6 vH, also $0,676 \cdot 0,6 = 0,04$ kg Wasser.

Drückt man diese Wassermengen durch die Wärmewerte gleicher Dampfmengen bei 0 und 100° C aus, dann erhält man für Flachs $0,12 \cdot 595 = 71,4$ und $0,12 \cdot 640 = 76,8$ WE und für Zucker $0,04 \cdot 595 = 23,8$ und $0,04 \cdot 640 = 25,6$ WE.

In der Abbildung bildet die Linie — · — · — · — rechts von der Ordinatenachse die Diagrammgrenze für Flachs und die — — — — Linie diejenige für Zucker.

Bei der Auftrocknung folgt aber die Dampfbildung der Taupunktlinie, während die im Gute verbleibende Wassermenge durch ihren Dampfwert, der zwischen der Taupunktlinie und der zugehörigen Grenzlinie liegt, bestimmt wird. Messen wir die zu den Temperaturen gehörenden Abszissen, so erhalten wir folgende Tabellen:

Tabelle 6 (Flachs).

1. Temperaturen	0	10	20	30	40	50
2. Abszissen	68,6	67,5	63,5	57	43,5	22,5 WE
3. WE von 1 kg Dampf .	595	599	604	608	613	618 ,,
4. Gewicht des Wassers .	0,115	0,112	0,105	0,93	0,71	0,036 kg
5. WW des Wassers . . .	0	1,12	2,1	2,7	2,84	1,8 WE

Tabelle 7 (Zucker).

1. Temperaturen	0	10	20	30
2. Abszissen	21,4	19,4	15,7	8,7 WE
3. WE von 1 kg Dampf . .	595	599	604	608 ,,
4. Gewicht des Wassers . .	0,036	0,0324	0,026	0,0143 kg
5. WW des Wassers	0	0,324	0,52	0,43 WE.

In diesen enthält Zeile 1 die Temperaturen, bei denen die Abszissen in 2 gemessen sind. Zeile 3 die Wärmeeinheit von 1 kg Dampf. Dividiert man Zeile 2 durch Zeile 3, dann gewinnt man das Gewicht des noch im Gut befindlichen Wassers, und multipliziert man wieder mit den Temperaturen, so erhalten wir den Wärmewert dieses Wassers.

Trägt man die Werte der Zeilen 5 an die Taupunktlinie und verbindet die zugehörigen Punkte, dann schließt die Taupunktlinie und die — — — — Linie die Wärmewerte des im Zucker und die Taupunktlinie und die — · — · — · Linie die Wärmewerte des im Flachs befindlichen Wassers ein, und zwar vom Beginn der Auftrocknung bis zum Ende derselben.

Die vorstehenden Ausführungen liefern uns ein Diagramm, an dem wir den Verlauf einer Trocknung verfolgen können, wenn Luft auf das Gut einwirkt. Im später folgenden werden wir davon Gebrauch machen.

8. Widerstände.

Bevor wir Trocknungsvorgänge verfolgen, müssen wir noch auf eine besondere Eigenschaft des Gutes eingehen. Wenn das im Gute befindliche Wasser durch die Einwirkung der Wärme in Dampf übergeführt wird, findet letzterer an den umgebenden Stoffen einen Widerstand, durch den der Austritt gehemmt wird. Die Spannung des Dampfes innerhalb des Gutes muß daher immer größer sein als die Spannung des Dampfes in der das Gut umgebenden Luft. Aus Versuchen von Dr. J. F. Hoffmann geht hervor, daß der Widerstand mit der Temperatur steigt. Weil auch der Spannungsunterschied mit steigender Temperatur größer wird, darf man schließen, daß der Widerstand ihm folgt. Die Dampfspannung im Gute ist nun immer diejenige des gesättigten Dampfes, während diejenige in der Luft vom Sättigungsgrad abhängt.

Solange nicht die Forschung anderes ergibt, kann man wohl annehmen, daß der Widerstand eines bestimmten Stoffes einem gewissen Sättigungsgrade entspricht.

In den folgenden Trocknungsvorgängen wird dieser Widerstand Beachtung finden.

9. Darstellung eines Trocknungsvorganges.

Nachdem wir uns im voraufgegangenen damit beschäftigt haben, die Eigenschaften der Luft in bezug auf die in ihr tätige Wärme durch eine Schaulinie darzustellen und des weiteren die Zustände des zu trocknenden Gutes bei Temperaturen zwischen 0 und 100⁰ C ebenfalls durch eine Schaulinie zu bestimmen, gehen wir dazu über, einen Trocknungsvorgang zu verfolgen.

Die Luft und das Gut sind Gegner, und unsere Aufgabe ist, der Luft diejenigen Mittel zu liefern, die geeignet sind, den Gegner zu bezwingen. Die einzige Waffe, die man ihr dazu übergeben kann, ist die Wärme. Diese Waffe so zu führen, daß sie wirksam wird, um mit geringster Menge das Ziel zu erreichen, ist eine der vornehmsten Aufgaben des Trocknungstechnikers.

Es soll zunächst das Trocknungsverfahren betrachtet werden, bei welchem die Luft vor dem Eintritt in den Trocknungsraum erwärmt wird.

Ein Unterschied (Abb. 10) zwischen dem Luft- und dem Trockengutdiagramm besteht nur in den beiden Linien 7—8 und 4—5, die beim letzteren hinzugetreten sind, und welche die Wasser- und Dampfwärme begrenzen.

Der Verlauf der ersteren und die Lage der zweiten Linie hängen ab von der Art des zu trocknenden Gutes.

Da wir sie in Abb. 9 für Flachsgarne dargestellt haben, soll die Darstellung sich auf dieses Gut beziehen.

Die in den Heizungsraum eintretende Luft habe die mittlere Temperatur von 18⁰ C und den Feuchtigkeitsgrad 50. Den Zustand einer solchen Luft kennzeichnet Punkt a in Abb. 10, weil er auf der

Temperaturlinie 18 und in der Mitte der Abszisse liegt, die den Wärmewert der 100grädigen Dampfluft darstellt.

Bei diesem Zustande der Luft ist die Temperatur des Gutes gleich
derjenigen, die die Luft annimmt, wenn sie ihren Sättigungszustand
erreicht hat. Zu dem Zweck muß sie Wärme zur Verdampfung der ihr
noch fehlenden Wassermenge abgeben. Die Richtung, in der die Wärmeabgabe und die damit verbundene Dampfaufnahme erfolgt, ist gleich-
gerichtet der Lufterwärmungslinie 0—2. Ziehen wir durch a nach unten

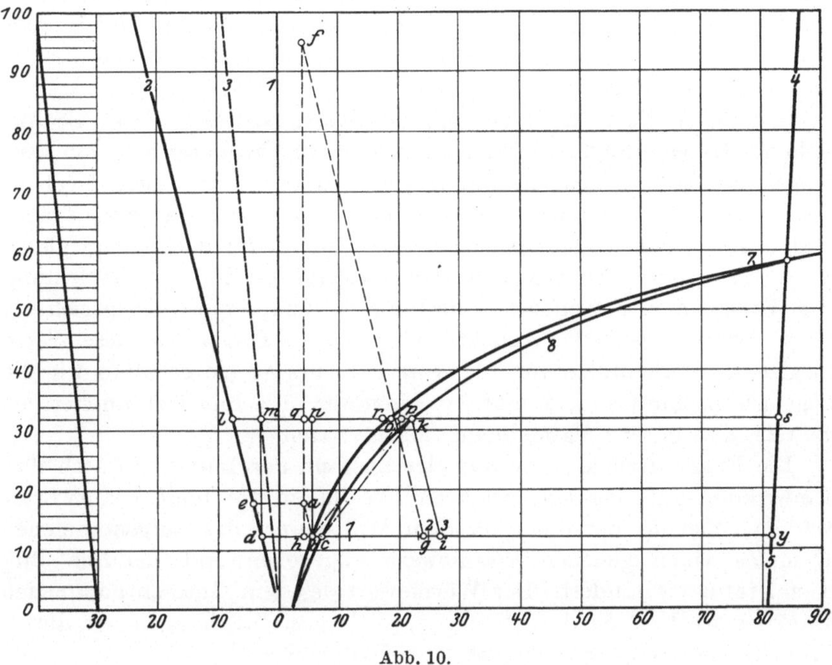

Abb. 10.

eine solche Line, so schneidet sie die Taupunktlinie in b, und diesem
Punkte entspricht die Temperatur des in den Trocknungsraum eintretenden Gutes.

Um die Verfolgung des Vorganges zu erleichtern, sollen diejenigen
Linien, die sich auf die Wandlungen der Luft beziehen, durch gestrichelte,
diejenigen, die sich auf das Gut beziehen, durch volle Linien kenntlich
gemacht werden.

Der Wärmewert des Gutes bei der Temperatur in b ist gleich der
Strecke c—d. Die Strecke c—y, die den Wärmewert des Dampfes darstellt, ist noch nicht in diesen Zustand übergeführt worden.

Erwärmen wir nun die Luft, die den Wärmewert a—e hat, so wird
ihr Zustand gekennzeichnet durch Punkt f, wenn ihre Temperatur

95° C erreicht. (Diese Temperatur ist gewählt, um ein deutliches Bild zu erhalten.) Unter Aufnahme von Wasserdampf, der dem Gute unter Einwirkung der von der Luft abgegebenen Wärme entströmt, kühlt sich die Luft ab in der Richtung der 0—2-Linie und würde den Punkt g erreichen können, wenn nur der Temperaturunterschied zwischen ihr und dem Gute in Frage käme. Dann wäre der Wärmewert der Luft vermehrt um die Strecke g—h.

Nun wollen wir feststellen, welche Zustandsänderungen ein gleicher Wärmewert auf das Gut ausübt. Zu dem Zwecke machen wir c—i gleich g—h und ziehen eine Gleichgerichtete zur 0—2-Linie bis zum Schnittpunkt k mit der Linie 8, wodurch das Gut auf die Temperatur in k gebracht wird.

In welcher Weise die Verteilung des Wärmewertes c—i auf die Anteile des Gutes erfolgt, erkennen wir, wenn wir Ordinaten, die vom Anfangszustande ausgehen, bis zum Schnittpunkte mit der durch k gehenden Abszisse ziehen. Dann sehen wir, daß der Wärmezuwachs für Träger und Garne gleich ist der Strecke l—m. Sodann für den Dampf gleich n—o. Um weiter den Wärmewert zu bestimmen, der zur Erwärmung des Wassers diente, ziehen wir die Linie c—k und eine Gleichgerichtete b—p. Dann ist p—o der gesuchte Wärmewert. Tragen wir diese Werte in gleicher Reihenfolge von c aus nach rechts ab, so erhalten wir die zugehörigen Punkte 1, 2 und 3. Letzterer fällt mit i zusammen als Beweis, daß unsere Maßnahmen richtig waren.

Die Frage, welche Änderung der Zustand der Luft in f durch ihre Einwirkung auf das Gut erfahren hat, kann wie folgt beantwortet werden: Sie hat entsprechend dem Wärmewert des aufgenommenen Dampfes einen gleichen Wärmewert abgegeben und dadurch ihre Temperatur vermindert. Der Wärmewert des dem Gute entnommenen Dampfes wird durch die Strecke n—o dargestellt. Tragen wir diesen Wert von q aus nach rechts ab, so erhalten wir r.

Ein Rückblick schildert uns den Trocknungsvorgang wie folgt: Die Luft trat mit dem Wärmewert a—e an die Heizung, erwärmte sich dort auf die Temperatur in f, entnahm dem Gut den Dampfwärmewert n—o und verminderte dadurch ihre Temperatur in f auf diejenige in r.

Von dem aus dem Gute zu entfernenden Wasser, das durch den Dampfwärmewert n—s bei der Temperatur in k vertreten wird, ist nur der Anteil n—o verdampft. Es bleibt ein Dampfwärmewert n—s, vermindert um n—o, übrig.

Zur Verdampfung von n—o brauchten wir 1 kg Luft Um nun n—s zu verdampfen, müssen wir eine im Verhältnis von n—s zu n—o größere Luftmenge aufwenden. Daraus folgt, daß auch von der Heizung im gleichen Verhältnis mehr Wärme abgegeben werden muß.

Dieser Trocknungsvorgang findet statt in allen Kanaltrocknungs-
anlagen, die im Gleichstrom arbeiten. Einen Vorgang, der bei solchen
Anlagen stattfindet, die im Gegenstrom arbeiten, d. h. wo die erwärmte Luft auf das trockene und warme Gut geleitet wird, soll später
behandelt werden. Eine Ausführungsform dieser Art zeigt Abb. 11.

Was kann nun derjenige, dem die Aufgabe zufällt, für einen bestimmten Stoff eine Trocknungsanlage zu entwerfen, dem Diagramm entnehmen? Das Wärmediagramm der mit Wasserdampf gemischten
Luft gilt für alle Stoffe. Jeder Stoff beansprucht zwar gesonderte Be-
handlung, aber diese erstreckt sich nur auf die 3 Linien 0—3, 4—5 und
8—7. Je nach dem Verhältnis des Wärmewertes der Träger zu demjenigen des Stoffes, wendet sich die Linie 0—3 mehr nach rechts oder

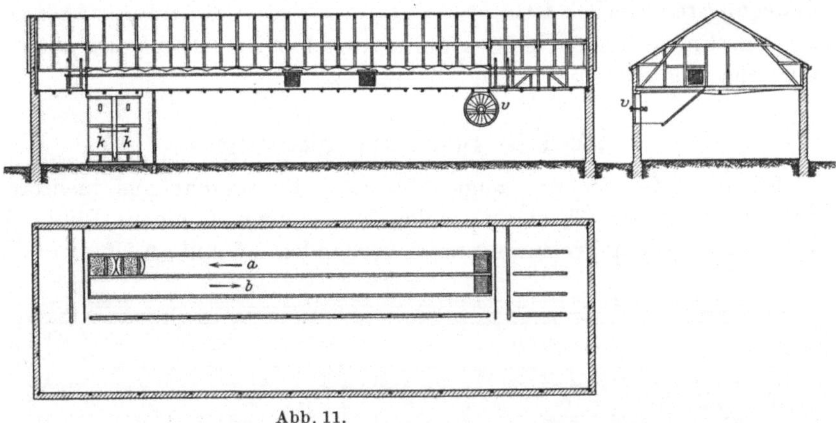

Abb. 11.

links. Die Lage der Linie 4—5 ist von dem Wassergehalt des Stoffes
abhängig und ebenso die Lage der Linie 8—7. Die wenigen noch
zu ziehenden Linien beanspruchen keine besonderen Geisteskräfte.

Ist diese Arbeit verrichtet, dann kann er der Zeichnung entnehmen:

1. Den Temperaturunterschied zwischen der eintretenden Luft
und der Heizfläche, den er zur Bestimmung des Umfanges der letzteren
braucht.

2. Kann er bestimmen die Luftmenge, die aus dem Verhältnis
der Strecke $n—s$ zu der Strecke $n—o$ hervorgeht.

3. Die Temperatur des in den Trocknungsraum ein- und austretenden
Gutes. Soll das Gut nicht vollkommen trocken aus dem Trocknungsraum gelangen, dann ist die Strecke $n—s$ um den Minderbetrag zwischen
den Feuchtigkeitsgraden zu kürzen, wodurch dann auch das Verhältnis
$n—s$ zu $n—o$ ein geringeres wird, und dadurch die Luftmenge.

Der Raum, in dem der Punkt a (Zustand der eintretenden Luft)
liegen kann, ist beschränkt auf die Fläche, die durch die Temperatur-

linie 30°, die Ordinatenachse und die Taupunktlinie eingeschlossen wird. Daraus kann man entnehmen, daß im Trocknungsverlauf wenige Veränderungen eintreten, wenn der Ausgangspunkt auch ein anderer ist.

In Fällen, wo kein Abdampf zur Verfügung steht und Kesseldampf die Heizanlage bedient, wird der Temperaturunterschied zwischen Heizfläche und Luft größer. Der Punkt f kommt, wie in Abb. 10, höher zu liegen, die Gerade f—i rückt nach rechts, und der auf das Gut wirkende Wärmewert wird größer.

Die Folge ist eine geringere Menge der benötigten Luft. Auch dann, wenn bei Anwendung von Abdampf eine verhältnismäßig größere Heizfläche in Anwendung kommt, steigt der Temperaturunterschied, vermindert die Luftmenge und damit den Kraftverbrauch, der für ihre Bewegung reforderlich ist.

Dem Entwerfenden bleiben daher verschiedene Mittel, um auf die Wirschaftlichkeit einer Anlage bedacht zu sein.

10. Die Stufentrocknung.

Einen Stufentrockner zeigt Abb. 12. Er besteht aus mehreren Trocknungsräumen T, ebenso vielen Heizräumen H, einem Rohre V, welches mit jedem Trocknungsraum verbunden ist und an einen in der

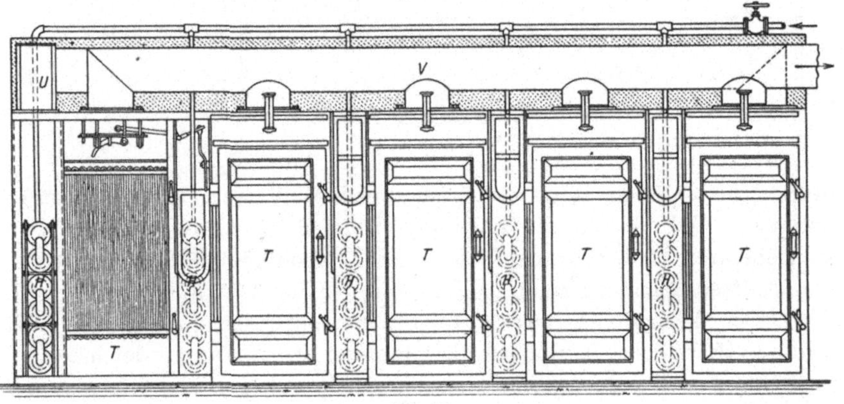

Abb. 12.

Abbildung nicht sichtbaren Ventilator anschließt, und endlich einem Rohre U, welches den letzten Trocknungsraum mit dem ersten Heizraum verbindet.

Eine Anzahl Schieber gestattet, einen beliebigen Trocknungsraum auszuschalten und für die Füllung und Entleerung bereitzustellen.

In zwölf schematischen Skizzen (Abb. 13) ist der Kreislauf des Trocknungsvorganges für vier Trocknungsräume dargestellt, und die

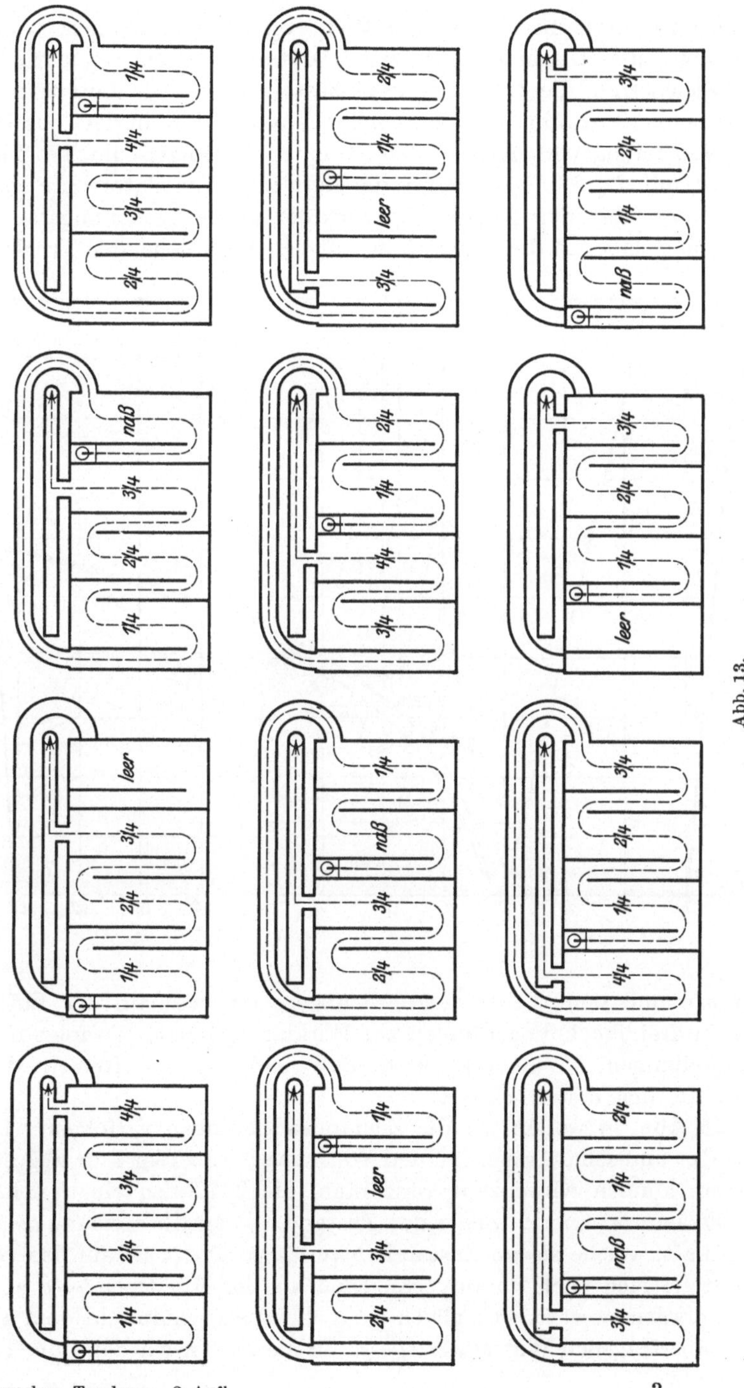

Abb. 13.

punktierte Linie bezeichnet die Richtung des Luftstromes vom Eingang bis zum Ausgang. Die erste Darstellung macht ersichtlich, wie bei Gleichstrom die Luftführung einzustellen ist. Die Luft tritt durch den ersten Heizraum in den ersten Trocknungsraum, in dem das Gut $^1/_4$ des Trocknungsvorganges vollendet hat. Es folgen die Trocknungsräume mit $^2/_4$, $^3/_4$, $^4/_4$, worauf die Luft zum Ventilatorrohre gelangt.

In der folgenden Darstellung wird der vierte Trocknungsraum entleert, und dabei ist die Verbindung mit den anschließenden Trocknungs-

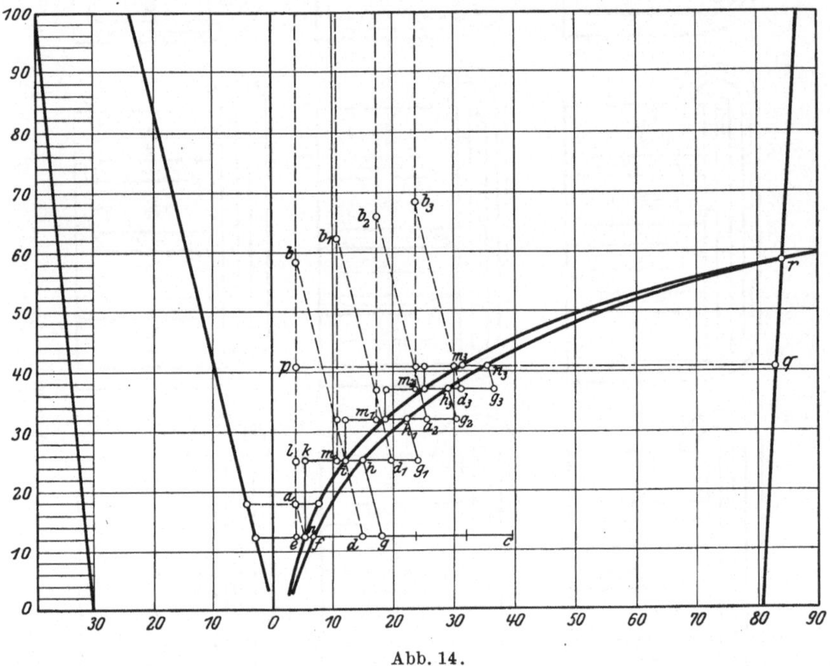

Abb. 14.

räumen und dem Ventilatorrohre abgesperrt, weshalb der Luftstrom nur in drei Trocknungsräumen zur Wirkung gelangt. Verfolgt man die Darstellungen, so bemerkt man, daß nach der zwölften wieder der Zustand der ersten eintritt.

In Abb. 14 wollen wir die Zustandsänderungen verfolgen. Da wir das Gut und seine Träger auf den Wärmewert von 1 kg Luft abgestimmt haben, können wir darauf verzichten, die Teillinien einzuzeichnen.

Es kennzeichnet a wieder den Zustand der an die Heizung gelangenden Luft, welche sie im Zustande b verläßt. Trifft sie auf das Gut, so kühlt sie sich nach voraufgegangenem in der Richtung b—d ab. Ihr Dampfwärmewert in d ist gleich d—e. Letzterer entspricht dem auf das Gut übertragenen Wärmewert f—g. In h erhalten wir dann die Temperatur des Gutes nach der Erwärmung. Weil $i-k$ gleich $l-m$, ist m der Zustand, in dem die Luft aus der ersten in die zweite Kammer übergeführt wird.

Bei dieser ersten Stufe der Trocknung ist der Wirkungsgrad durch das Verhältnis $l-m$ zu $d-n$ bestimmt. Es ist $e-n$ der Unterschied zwischen Raumluft und Gutswärme und darf daher der Trockenluftwärme nicht zugezählt werden.

In der zweiten Stufe beginnt die Zustandsänderung der Luft in m, gelangt über die Heizung in den Zustand b_1 und beim Durchgang durch das Gut in denjenigen von d_1. Die Änderung des Gutes erfolgt aus h über g_1 in den Zustand h_1. Den Endzustand der Luft der zweiten Stufe zeigt m_1 an. In diesem beginnt sie die dritte Stufe. In ihr und der vierten Stufe erreicht die Luft die Zustände im m_2 und m_3 und verläßt damit die Trocknungsvorrichtung. Gleichzeitig gelangt das Gut in den Endzustand h_3.

Prüfen wir nun den Wirkungsgrad, also das Verhältnis der der Anlage zugeführten Wärme zu der Dampfwärme, welche die Luft dem Gute entzogen und abgeführt hat. Erstere ist die Summe der Strecken $f-g$, $h-g_1$, h_1-g_2 und h_2-g_3. Diese sind in der Strecke $f-o$ zusammengefaßt. Die abgeführte Dampfwärme ist gleich der Strecke m_3-p. Die erforderliche Luftmenge geht aus dem Verhältnisse der Strecken m_3-p zu $p-q$ hervor.

Gestattet das Gut eine höhere Erwärmung als die Temperatur in m_3 angibt, so könnte man die Anzahl der Stufen vermehren, bis sie den Punkt r erreichen. Dann würde der Wirkungsgrad steigen und die Luftmenge abnehmen, weil die Taupunktlinie immer flacher wird und damit der von der Lufteinheit aufgenommene Dampf größer.

Dasselbe könnte durch Vergrößerung der Heizfläche oder höherer Temperatur des Heizmittels erreicht werden, weil dann die Strecke $f-g$ und die ihr gleichartigen wachsen.

11. Die Verbund-Stufentrocknung.

Abb. 15 zeigt einen Trockner, in dem die Luft nach diesem Verfahren wirkt. Er birgt $4 \cdot 6 = 24$ Wagen, die auf vier Gleisen durch den Trocknungsraum geführt werden. Die Heizung ist aus Rhombicus-Elementen gebildet, weil bei diesen die glatten Flächen eine Wirbelung der Luftteilchen vermeiden und dadurch der Kraftverbrauch der Gebläse vermindert wird. Sie ist in der Mitte des Trocknungsraumes aufgestellt und scheidet ihn in zwei Teile. In dem einen (s. Grundrißschnitt) bewegen sich die Wagen von links nach rechts, in dem andern von rechts nach links. Die in der Decke des Trocknungsraumes angebrachten Gebläse befördern die Luft in der Richtung der Pfeile (s. Querschnitt $C-D$).

3*

Frontansicht
Querschnitt E-F
Querschnitt C-D
Längsschnitt u. Ansicht
Draufsicht u. Schnitt A-B
A
B
C
D
Abb. 15.

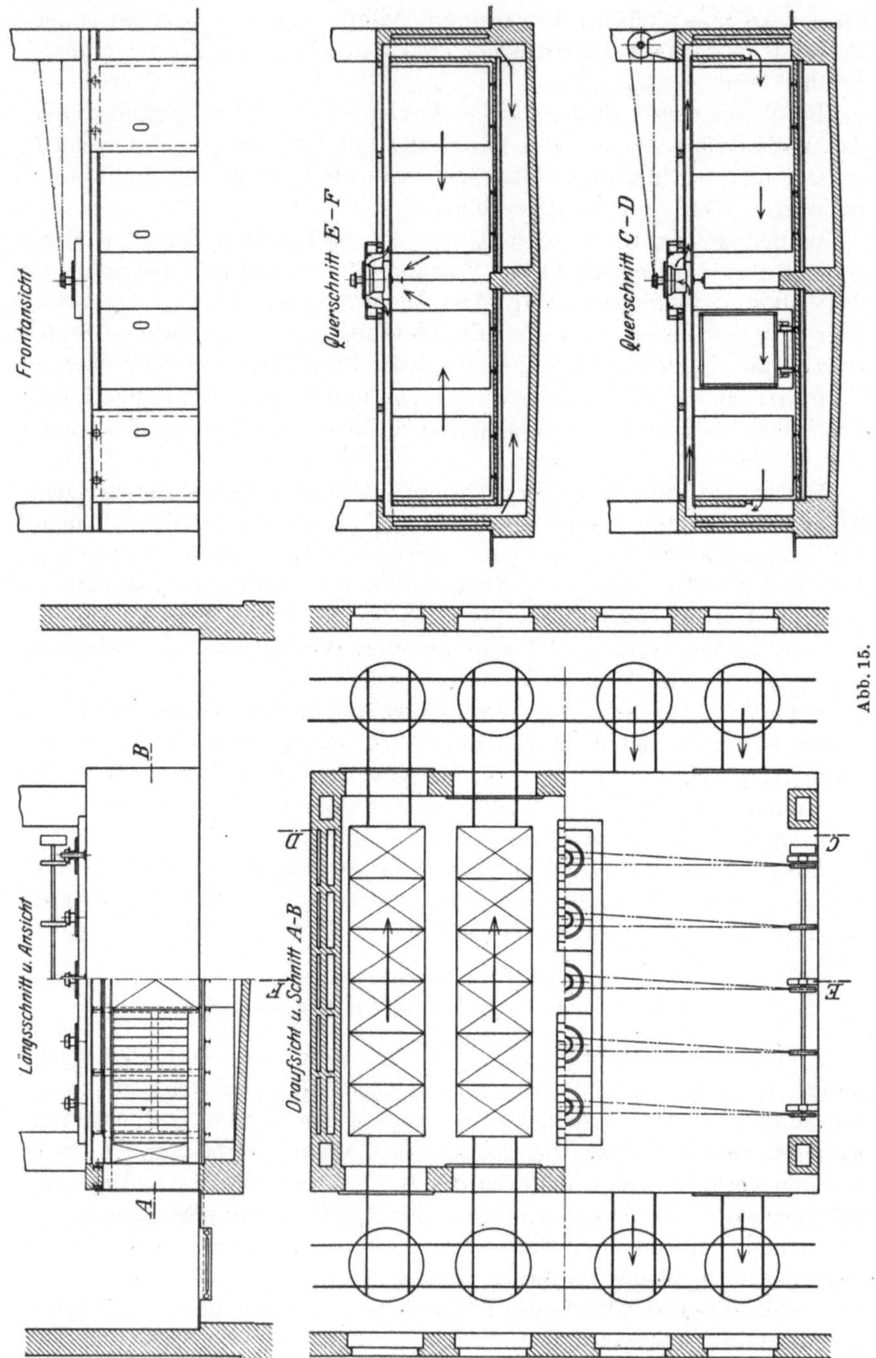

Abb. 15.

Diese Bewegungsrichtung bewirken die beiden links von dem mittleren Gebläse liegenden, während die davon rechts liegenden die entgegengesetzte Richtung veranlassen. Durch diese Anordnung wird erreicht, daß die von der Heizung kommende erwärmte Luft zunächst auf nasses Gut und dann auf vorgetrocknetes trifft und schließlich in der Mitte des Raumes von dem mittleren Gebläse abgesaugt wird. Wie das geschieht, zeigt Querschnitt *EF*. Die in den unterhalb des Trocknungsraumes befindlichen niederen Raum gedrückte Luft wandert zu den in den vier Ecken errichteten Dunstschächten und wird von diesen abgeführt. In den Trocknungsraum eintretende kalte Luft fließt infolge des Gewichtsunterschiedes zwischen ihr und der Luft im Trocknungsraum über die Zwischendecke. Die Abluft aber unterhalb der letzteren im Gegenstrom, so daß zwischen beiden ein Wärmeaustausch stattfindet. Weil die ganze Grundfläche des Trocknungsraumes somit zur Heizfläche gestaltet wird, kommt ein Teil der Abluftwärme dem Trocknungsvorgange zu Hilfe. Es kann dadurch eine erhebliche Ausnutzung erreicht werden. Im nachfolgenden wird durch ein Bild dieser Vorgang veranschaulicht. Gestattet die Örtlichkeit nicht, einen solchen Unterbau auszuführen, so kann die Abluft durch zwei Dunstschächte ohne weiteres aus der oberen Decke abgeführt werden. Der Aufbau einer solchen Anlage ist vorbildlich in Hinsicht auf die Erhaltung einer sauberen Heizfläche, die leicht reingehalten werden kann, und dann zur Verschlechterung der trocknenden Luft keine Veranlassung gibt. In Fällen, wo verschiedene Stoffe zu trocknen sind, kann auf einer oder mehreren Bahnen der eine und auf den übrigen Bahnen ein anderer getrocknet werden. Die Trocknungszeit des einen Stoffes ist dabei unabhängig von derjenigen des anderen.

Die Wirkungsweise der Abluft, wenn sie, wie oben aufgeführt, zur Erwärmung der Bodendecke des Trocknungsraumes herangezogen wird, zeigt Abb. 16. Es sei a der Zustand der Abluft, in dem sie den Trocknungsraum verläßt und in welchem sie den Wärmewert $a—b$ aufweist.

Die eintretende Luft hat bei 18° C und 50 Sättigungsgraden den Wärmewert $c—d$. Im Trocknungsraum wurde ihr der Wärmewert $a—e$ zugeführt. Zwischen beiden Zuständen besteht ein Temperaturunterschied von $f—c$-Graden. Bei vollkommenem Temperaturausgleich würden beide die Temperatur in g annehmen, die wir erhalten, wenn wir den mittleren Temperaturunterschied zwischen f und c bestimmen. Durch die Abgabe von Wärme kühlt sich die Luft in a ab, und zwar zunächst bis zum Punkt h der Taupunktlinie, wodurch sich der Sättigungsgrad auf 100 steigert. Bei weiterer Abkühlung aber verflüssigt sich der Dampf, und die Abkühlung folgt der Taupunktlinie bis zum Punkt i. In diesem Zustande verläßt sie durch die Dunstschächte die Trocknungsanlage. Die Abluft hat dann, bis sie vollkommene Sättigung erreichte, den Wärmewert h—l und während der Verflüssigung den Wärmewert i—k zurückerstattet. Im ganzen also den Wärmewert i—m, dessen Verhältnis zu a—e die Nutzwirkung darstellt.

Da in der Regel die Grundfläche des Trocknungsraumes größer sein wird als die Fläche der Heizung im Trocknungsraume, handelt es sich nur darum, die Zwischendecke so auszugestalten, daß ihr Wärmeleitungsvermögen ein möglichst großes ist, um eine angemessene Nutzwirkung zu erzielen.

An solchen Orten, in denen Wasser zur Verfügung steht, dessen Förderung wenig kostet, oder der Anlage zufließt, ist eine weitere Ausnutzung der Wärme der Abluft möglich, zwar nicht für den Trocknungsvorgang, aber zur Herstellung angewärmten Wassers, wenn solches einem Verwendungszweck dienen kann.

Stände z. B. Wasser von 10^0 C zur Verfügung, so könnte solches auf eine Temperatur o gebracht werden, wenn für jedes Kilogramm Luft, welches bei der Trocknung verbraucht wurde, 1 kg Wasser aufgewendet würde. Ziehen wir in der Abbildung von i eine Ordinate bis zur 10er Temperaturlinie und aus dem Schnittpunkt n der beiden eine Linie unter 45^0, so schneidet diese die Taupunktlinie in o. Die zwischen den Linien n—o und n—i liegenden Abszissen sind aber Wärmewerte von 1 kg Wasser, die den Wärmewert o—p der sich von i nach o abkühlenden Dampfwärme aufnehmen konnte. Rüstet man die vier Dunstschächte der Anlage so aus, daß sie als Kühltürme wirken, dann kann man schließlich so weit gelangen, daß fast sämtliche beim Trocknungsvorgang gebrauchte Wärme in anderen Stoffen gesammelt wird.

Nach diesen Abschweifungen kehren wir zurück zur Darstellung des Trocknungsvorganges, den Abb. 17 zeigt.

Auf S. 8 hatten wir von Widerständen gesprochen, die den Austritt des Dampfes aus dem Gute erschweren. In den bisherigen Bildern von Trocknungsvorgängen war dieser Umstand nicht berücksichtigt und soll nun im folgenden dargestellt werden.

Es sei nun der Widerstand gleich einem Viertel des Sättigungszustandes der Luft. Die mit der Taupunktlinie gleichsinnig verlaufende Linie c—k—n würde dann die Grenze bilden, bis zu welcher sich die Luft im Trocknungsraum mit Dampf anreichern kann.

Bei der Verbund-Stufentrocknung trifft das Gut auf zwei entgegengesetzt gerichtete Luftströmungen von sonst gleichem Zustande. Auf dem Wege bis zur Mitte der Bahn ist Gut und Luft im Gleichstrom, von der Mitte aus bis zum Ende aber im Gegenstrom. Das hat zur Folge, daß auf der ersteren Weghälfte die Spannung des Dampfes in der Luft, wegen ihrer höheren Temperatur, größer ist, als die Spannung des Dampfes im Gute. Auf dem zweiten Teil des Weges findet das umgekehrte Verhältnis statt.

In Abb. 8 begrenzt die ——·——·—— Linie die Wärmewerte des im Gute befindlichen Wassers. Es ist nun zu bestimmen, welcher Anteil auf dem ersten oder zweiten Teil des Weges entfällt. Es zeigt die Abbildung, daß in 10 Stufen die Luft einen Zustand erreicht hat, der durch E gekennzeichnet ist. E liegt auf der Taupunktlinie. Auf der ersten Weghälfte konnte aber die Luft nur einen Dampfwärmewert b—n aufnehmen, für die zweite bleibt daher der Wert E—n noch übrig. Es zeigt E die Endtemperatur des Gutes an und E—n den Dampfwert des noch im Gute befindlichen Wassers. Nun ist E—$n = 20$ WE

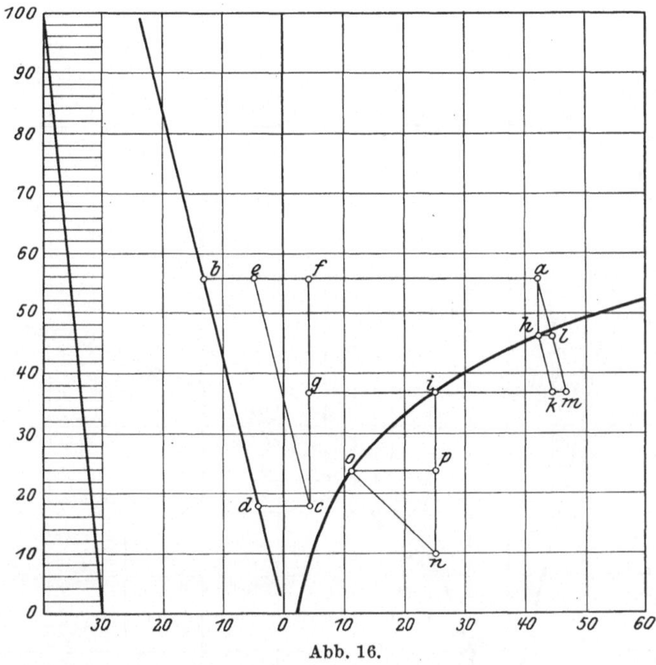

Abb. 16.

und daher bei 56° C der Wärmewert des Wassers $20 \cdot 56 : 620 = {\sim}\,1,8$ WE.

Die Temperatur des aus dem Trocknungsraum austretenden Gutes muß gleich der Temperatur sein, mit der die Luft die erste Stufe beschließt und die zweite Bahn verläßt. Das ist im Punkt d_2 der Fall. Tragen wir den oben gefundenen Wärmewert 1,8 an o und ziehen von p eine Linie nach d_2, dann begrenzen d_2—p und d_2—o alle Wärmewerte des auf dem zweiten Teil des Weges im Gute noch befindlichen Wassers. Das Gut kann also abgeben alle Wärmewerte, die zwischen den Linien d_2—p und d_2—F liegen, wenn d_2—F eine Ordinate ist.

Von dem Anfangszustand in a ausgehend, gelangt die Luft in bekannter Weise über b zunächst nach c. Das ist der Zustand, in dem sie

die erste Bahn verläßt, um zur zweiten überzutreten. (Man verwechsele
nicht Stufe mit Bahn. Die Verbundanordnung bedingt 2 Bahnen, auf
denen das Gut in entgegengesetzter Richtung verkehrt.) Im Zustande c
kann die Luft noch Dampf aufnehmen, und zwar von dem Gute der
zweiten Bahn, wobei sie unter Abkühlung in den Zustand d gelangt.

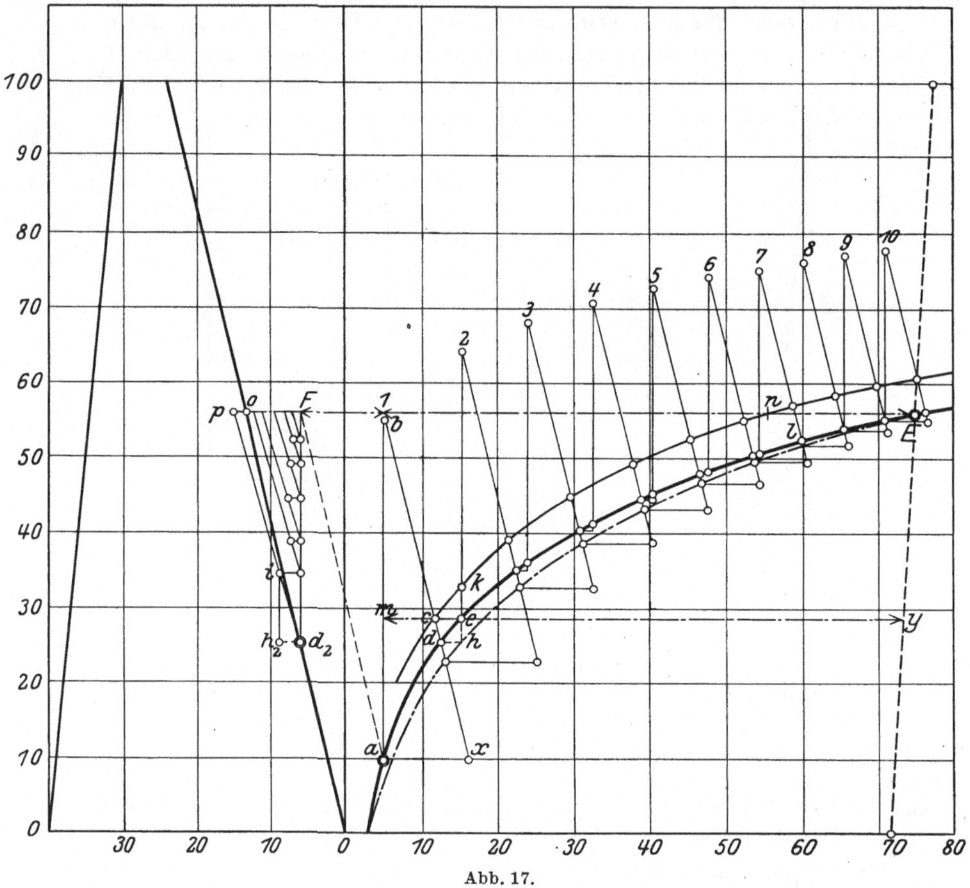

Abb. 17.

Bis auf diese Temperatur kühlt sich auch das Gut ab und verläßt
getrocknet den Trocknungsraum.

Es entsteht nun die Frage: Von welcher Temperatur ab muß die
Abkühlung des Gutes erfolgen, um die Temperatur d zu erreichen?
Zieht man die Wagrechten c—e und d—h und durch den Schnittpunkt e mit der Taupunktlinie eine Senkrechte, so schneidet letztere
auch die Linie durch d in h, außerdem auch die 75er Sättigungslinie
in k. Auf der zweiten Bahn würde bei der Temperatur in k der Dampf

des Gutes übergehen in Luft von der Temperatur in c, womit nachgewiesen ist, daß tatsächlich auf der zweiten Bahn der Dampf des Gutes in die Luft überströmt. Ist nun d—h der letzte aus dem Gute strömende Dampfwert, so muß sich die Temperatur des Gutes vermindern von i auf h_2, wenn wir d_2—h_2 gleich d—h machen und h_2—i ziehen.

Damit ist die erste Stufe vollendet, und bis zur achten Stufe sind die folgenden gleichartig. Ist der Zustand l erreicht, dann hat das Gut der zweiten Bahn keine Wärme mehr abzugeben, und nur die noch von der ersten Bahn mitgebrachte Wärme wird wirksam.

Stellen wir nun den Wirkungsgrad dieses Trocknungsverfahrens fest, so zeigt das Bild die aufgetrocknete Dampfmenge durch die Strecke b—E an und die aufgewendete durch F—E. Der Wirkungsgrad ist also: b—$E : F$—E oder in Zahlen $70 : 80 = 0{,}87$. Es entfernt 1 kg Luft 70 Dampf-WE. In nur einer Stufe, wie bei den Kanaltrocknern, würde von 1 kg Luft die Dampfwärme m—c aufgenommen werden können, wozu die Wärme a—x verbraucht würde. Der Wirkungsgrad ist dann m—$c : a$—x oder $7 : 11 = 0{,}635$. Um die Dampfmenge m—y zu beseitigen, müssen $68 : 7 = 9{,}7$ kg Luft durch den Ventilator abgeführt werden, während bei der Verbund-Stufentrocknung 1 kg zehnmal durch den Trocknungsraum getrieben wird. Deshalb ist die Ventilatorarbeit in beiden Fällen nahezu gleich.

Auch ein Vergleich zwischen Stufen- und Verbund-Stufentrockner ist leicht anzustellen. Bei der ersteren würde die Erwärmungslinie schon von c statt von e ausgehen, und man übersieht, daß dann bis zum Endpunkte E eine größere Anzahl Stufen notwendig werden. Weil die Luft nur einen Sättigungsgrad von 75 erreichen kann, ist die erzielte Dampfmenge durch die Strecke b—n dargestellt. Außerdem fällt der Wert p—F fort, weil Teile der Gutswärme nicht zurückgewonnen werden können. Der Wirkungsgrad ist darum $(b$—$n) - (F$—$p) : (F$—$E)$ $= (50$—$10) : 80 = 0{,}50$ bei den im Gegenstrom arbeitenden Trocknern und schätzungsweise $(50$—$2) : 80 = 0{,}60$ bei den im Gleichstrom wirkenden.

Für die vorliegende Aufgabe würden die Wirkungsgrade sein:

Kanaltrockner	Stufentrockner	Verbund-Stufentrockner
0,635	0,50—0,60	0,87

Um zu zeigen, wie man den Trocknungsvorgang in anderer Weise verfolgen und leichter aufzeichnen kann, ist Abbildung entworfen und als zu trocknendes Gut Brotzucker gewählt.

Bevor wir zur Beschreibung übergehen, wollen wir eine Erleichterung zur Ausführung der Abbildung besprechen. Um das spitzwinkelige Dreieck von 30^0 C zur Ziehung der Gleichgerichteten zur Abkühlungslinie verwenden zu können, muß man den Maßstab für die Abszissen so wählen, daß die Abkühlungslinie mit dem Winkel von 30^0 gezogen werden kann.

I
II
III
~ 40:4 = 10 kg
~ 40:24,5 = 1,63 "
~ 40:28,3 = 1,41 "
Luft
Wirkungsgrad
4 : 15 = 0,27
24,5 : 65 = 0,378
28,3 : 47,6 = 0,60

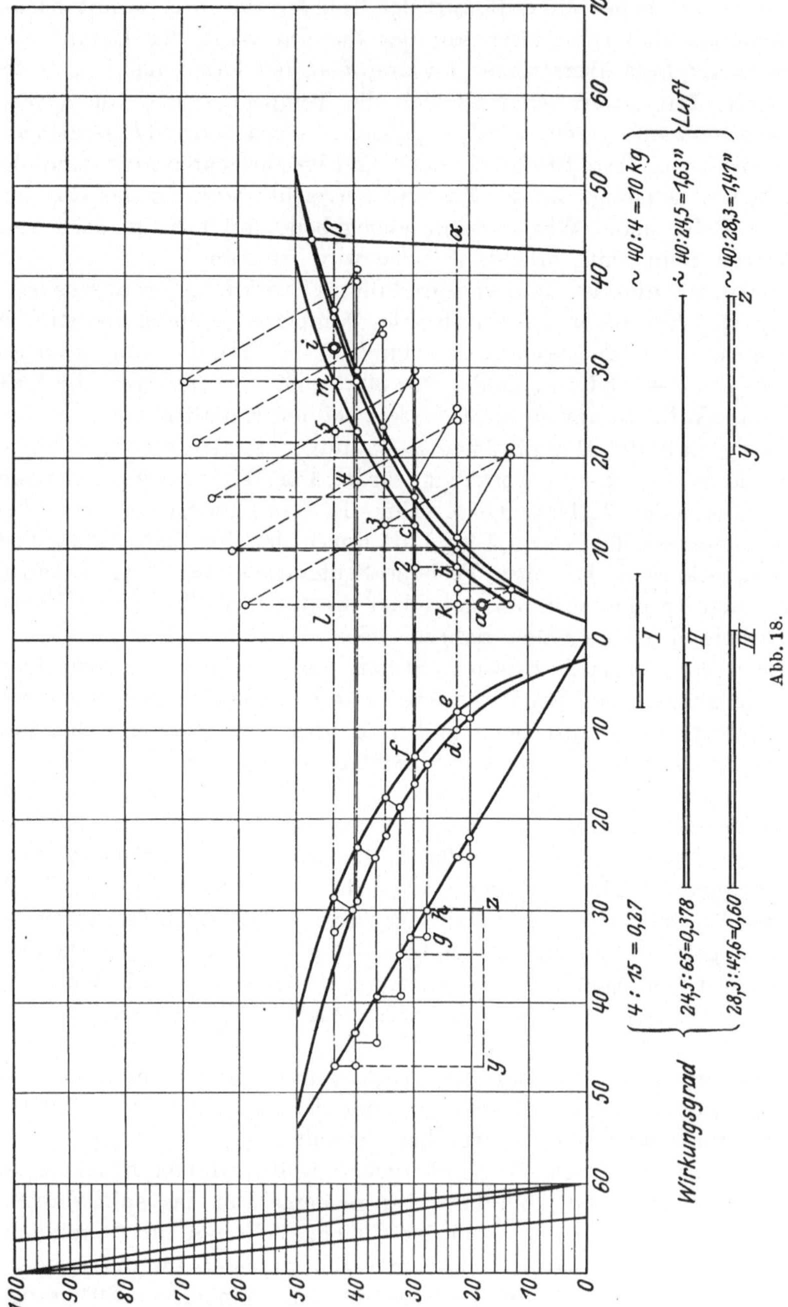

Abb. 18.

In Abb. 18 ist der Maßstab für die Abszissen oder Wärmewerte dementsprechend bestimmt und demgemäß auch derjenige für die Ordinaten. Auch ist ein von Abb. 9, S. 26 abweichendes Gutsdiagramm gewählt.

Verfolgen wir nun die Zustandsänderungen der Luft und des Gutes von Punkt a ausgehend, dann bemerken wir, daß in der ersten Stufe im Punkt b der Widerstand, der 20 vH des gesättigten Dampfes betragen möge, eine weitere Dampfaufnahme durch die Luft nicht zuläßt. Letztere tritt nun von der ersten Weghälfte der ersten Bahn auf die zweite Weghälfte der zweiten Bahn. Hier kann sie noch den Dampfwärmewert e—d aufnehmen, wenn ein solcher noch vorhanden sein sollte.

Die zweite Stufe beginnt in b, erreicht c auf der rechten Seite und f auf der linken, weil das Gut den Wärmewert g—h abgibt. Nach der fünften Stufe ist i erreicht, in welchem Zustande die Luft den Trocknungsraum verläßt.

Aus dieser Abbildung geht hervor, daß die Luft in der ersten Stufe, welche gleichbedeutend einer einstufigen Trocknung ist, sich die Luft um den Dampfwärmewert b—k anreichert. Bei der fünfstufigen Trocknung, die durch die Punkte k—2—3—4—5—m gekennzeichnet ist, ist die Dampfaufnahme gleich der Strecke l—m, und bei der fünfstufigen Verbund-Stufentrocknung erreicht sie den Wert l—i.

Um nun den Wirkungsgrad der drei Verfahren für die Trocknung von Zucker zu veranschaulichen, sind die einzelnen Wärmewerte, welche die Heizung abgibt, und auch diejenigen, welche die Luft in Dampfform aufgenommen hat, in Strecken zusammengefaßt. Von den zusammengehörigen Werten entspricht die obere dem Wärmeaufwand, die untere dem Ergebnis.

Man erhält einen Wirkungsgrad:

$$\begin{array}{lll}
\text{für die einstufige Trocknung} & = 0{,}27 \\
\text{,, \quad ,, \quad fünfstufige \quad ,,} & = 0{,}378 \\
\text{,, \quad ,, \quad \quad ,, \quad Verbundtrocknung} & = 0{,}60
\end{array}$$

Bei letzterer ist die Strecke z—y von der gesamten in Abzug zu bringen, weil sie von dem sich abkühlendem Gute stammt.

Die aufzuwendenden Luftmengen, die aus den Verhältnissen der Strecken k—x : k—b, l—β : l—m und l—β : l—i hervorgehen, ergeben die Mengen 10, 1,63 und 1,41 kg für 0,036 kg Wasser.

Letzteres Ergebnis erfordert besondere Beachtung, wenn das Gut gegen Verunreinigung durch Staub geschützt werden muß.

12. Einstufige Trocknung im Gegenstrom.

Sie ist zwar eine der verbreitetsten aber nicht der wirtschaftlichsten, wie aus dem nachstehenden hervorgehen wird.

Eine Ausführungsform zeigt Abb. 11, S. 31, und auch der Trocknungsvorgang soll an Hand der Abb. 10, S. 29, erklärt werden.

Für die Trocknung im Gleichstrom ergab sich ein Wirkungsgrad von $n—o : b—i$, wenn ein Widerstand im Gute nicht vorhanden ist. Es treten Abluft und Gut mit einer Temperatur von 32°C aus dem Trocknungsraum. Bei der Trocknung im Gegenstrom trifft nun auf das t r o c k n e Gut, welches eine Temperatur von 32°C erreicht haben muß, damit das in ihm befindliche Wasser verdampft, eine Luft von 95°C, wie sie durch Punkt f gekennzeichnet ist. Zwischen dem trocknen Gute und der Luft von 95°C findet Wärmeaustausch statt, und dieser Vorgang erfolgt auf der Linie $q—f$. Sinkt dabei die Lufttemperatur z.B. von 95 auf 80°C, dann ist der entstehende Verlust gekennzeichnet durch die Strecke, welche zwischen der $q—f$-Linie und der $f—g$-Linie auf der Temperaturlinie 80 liegt.

Daraus folgt, daß die Trocknung im Gegenstrom immer unwirtschaftlicher arbeiten muß als im Gleichstrom.

13. Die Trocknungsstuben.

Es ist nicht der Zweck dieser Arbeit, eine Sammlung der verschiedenen Anordnungen der Trocknungsstuben vorzuführen; denn die Anordnungen sind häufig bedingt durch die Natur des Trockengutes. Es sollen nur Bilder des Trocknungsvorganges entworfen werden, aus denen der Fachmann ersehen kann, ob seine Anordnungen zweckmäßig gewählt sind.

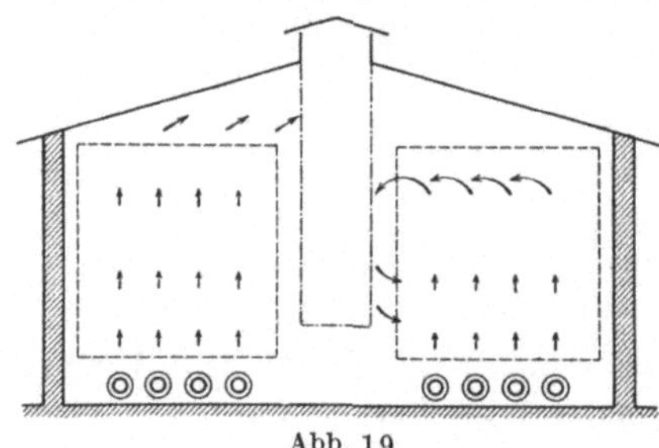

Abb. 19.

Zu diesem Zwecke genügt eine Anlage, wie sie übersichtlich in der Abb. 19 dargestellt ist.

In einem Raume sind auf dem Boden Heizrohre verlegt, darüber ist das Trockengut in irgendeiner Form gelagert, und im Dache erfolgt der Abzug für die feuchte Luft. Der Abzug kann auch unten durch besondere Luftschächte erfolgen. Im ersteren Falle wirkt die Wärme (s. die linke Seite der Abbildung) in der Richtung der Pfeile, im zweiten Falle (s. rechte Seite der Abbildung) zunächst auch in der Richtung nach oben, aber infolge von Gewichtsunterschieden sinken einzelne Schichten nach unten und vermischen sich mit anderen, während ein Teil der Luft schließlich durch den Schacht entweicht. Die dadurch entstehenden Gegenströmungen sind aber der gewünschten Luftbewegung nicht förderlich, und darum hat man drittens zu dem Mittel gegriffen, die warme Luft oben in den Raum einzuführen, um sie unten entweichen zu lassen.

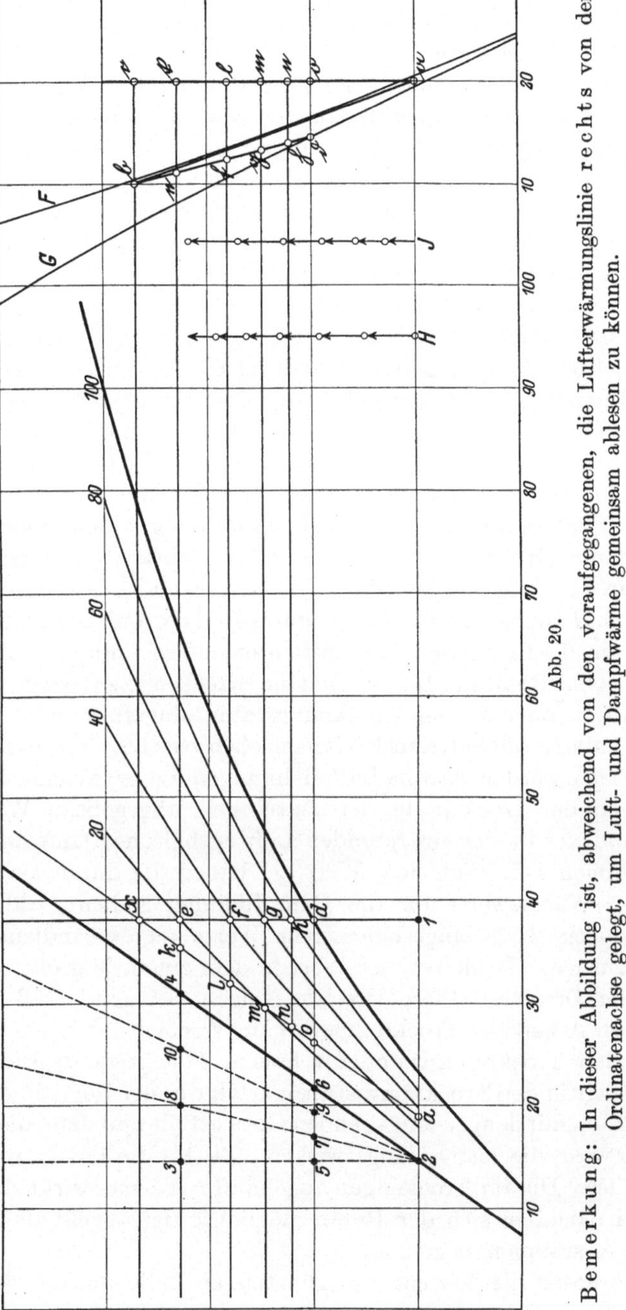

Abb. 20.

Bemerkung: In dieser Abbildung ist, abweichend von den voraufgegangenen, die Lufterwärmungslinie rechts von der Ordinatenachse gelegt, um Luft- und Dampfwärme gemeinsam ablesen zu können.

Der Trocknungsvorgang ist in Abb. 20 dargestellt. Die Linien F und G zeigen die Gewichte von 1 cbm Luft an, und zwar die erstere für trockne, die andere für gesättigte Luft.

Aus dem Vorhergehenden wissen wir, daß der Punkt a den Zustand der in den Trocknungsraum eintretenden oder der Außenluft kennzeichnet, nämlich durch die Temperatur 20 und den Feuchtigkeitsgrad 50 vH. Das Gewicht eines Kubikmeters dieser Luft finden wir in Punkt $a = 1,2$ kg, wenn der untere Maßstab auch Zentigramme bezeichnet. Das Gewicht der erwärmten Luft in Punkt x wird durch Punkt b angegeben zu 1,105 kg. Der Punkt b liegt nahezu in der Linie F, weil der Feuchtigkeitsgrad der Luft annähernd 10 vH beträgt. Der Gewichtsunterschied ist dann gleich der Linie $bc = 1,2 — 1,105 = 0,095$ kg, und den Verlauf der Gewichtsänderung kann man durch die Linie ab darstellen. Entsprechend den Zuständen der Luft in den Punkten $efghd$ ändert sich das Gewicht der Luft, und die Strecken ek, fl, gm, hn und do geben die Gewichtsunterschiede an. Verbindet man die Punkte $befghd$, so gibt diese Linie ein Bild über die Veränderung des Gewichtes der Luft.

Die Luft hat an dem Trockengute noch Reibungswiderstände zu überwinden, deren Größe wir zu 50 vH der Auftriebskraft schätzen wollen. Tragen wir daher die halben Werte der Strecken bc usw. an eine senkrechte Linie H an, so erhalten wir ein gutes Bild der Luftbewegung, wie sie eintritt, wenn die Erwärmung der Luft unten im Trocknungsraume erfolgt. In umgekehrter Richtung Linie J sind die Strecken anzutragen, wenn die erwärmte Luft oben in den Trocknungsraum eingeführt wird. Auch in letzterem Falle ist die Auftriebskraft nach oben gerichtet, und es muß dafür Sorge getragen werden, daß die Luft nicht ungenutzt entweichen kann.

Der von der Heizung in der Zeiteinheit abgegebene Wärmewert war a-1 und der in der eintretenden Luft enthaltene Dampfwärmewert a-2, zusammen 1-2. Von dem Wert a-1 haben die durch Dreieck dxo begrenzten Wärmewerte für die Dampfbildung gedient, während die durch Dreieck 2 3 4 eingeschlossenen Werte zu Nebendiensten verbraucht wurden. Je kleiner der Wert in dem einen, je größer der Wert im anderen Dreieck. Diese Dreiecke zeigen zwingend, daß zur wirtschaftlichen Arbeit der Trocknungsvorgang so geleitet werden muß, daß die Luft den Trocknungsraum mit hohem Feuchtigkeitsgrad verläßt.

Die Arbeit in den Trocknungsstuben erfolgt in der Regel in der Weise, daß der Raum mit dem zu trocknenden Gute gefüllt und dann die Heizung angestellt wird, die man so lange wirken läßt, bis die Trocknung nahezu vollendet ist. Die im Trockengut angehäufte Wärme wirkt dann noch nach, und nachdem sich der Raum möglichst tief abgekühlt hat, wird mit dem Ausräumen begonnen.

Dann werden die Verluste im günstigsten Falle um die Werte 5-7, 7-9, 9-6 gemindert.

14. Andere Verbund-Stufentrockner.

In Abb. 21 ist ein anderer Stufentrockner dargestellt.

Das Trockengut wird bei a (s. Längsschnitt) durch eine Transportschnecke oder zwei Quetschwalzen ausgebreitet und auf die Transportbänder b und b (s. Grundrißschnitt) verteilt. Diese Transportbänder führen das Trockengut durch den Trocknungsraum bis zur Endwand, worauf es auf die Transportbänder c und c gelangt und nach vorne zurückgeführt wird. Hier fällt es in eine Schnecke e und wird eingesackt.

Während der Durchführung des Gutes durch den Trocknungsraum wird dasselbe Luftströmen ausgesetzt, die wie nachstehend beschrieben erzeugt werden.

In der hinteren Stirnwand des Gehäuses ist ein Exhaustor f angebracht, welcher aus dem Trocknungsraume Luft absaugt und in den vom Trocknungsraum durch eine Wellblechdecke abge-

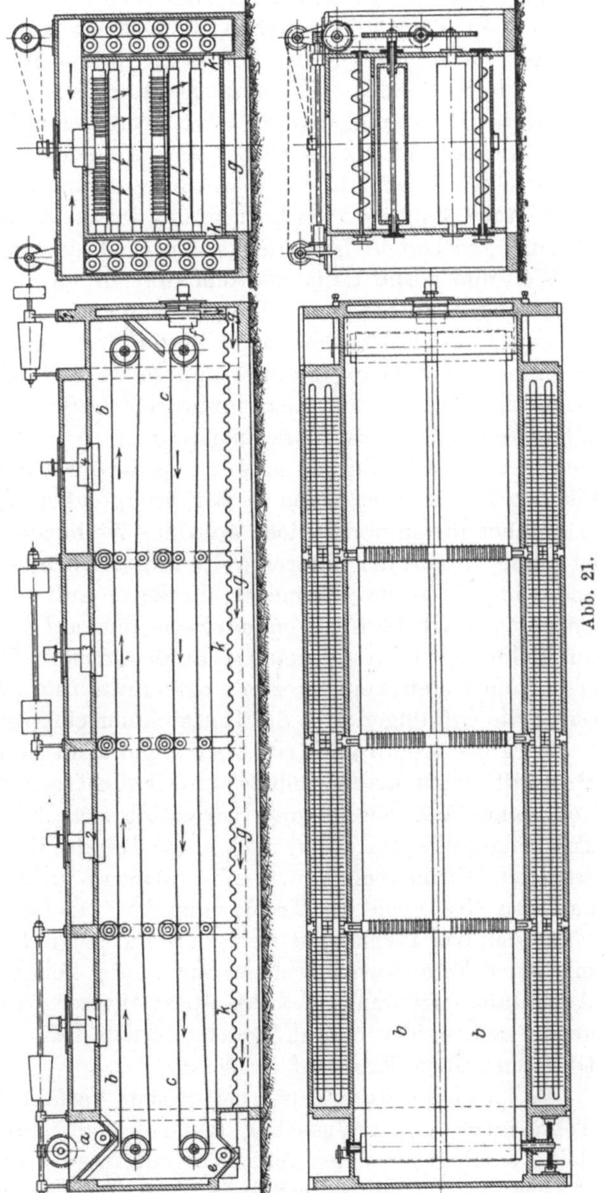

Abb. 21.

schiedenen Raum g drückt. Aus letzterem tritt die Luft durch Öffnungen unten in der Stirnwand ins Freie. Die Absaugung der Luft aus demTrocknungsraum veranlaßt frische Luft, durch die Öffnungen e in der Stirnwand einzutreten. Die Doppeldecke über dem Trocknungsraum ist durch Scheidewände in verschiedene Räume eingeteilt, die mit seitlichen Räumen in Verbindung stehen, in welchen Heizrohre untergebracht sind (s. Querschnitt). Diese seitlichen Räume stehen durch Öffnungen k am unteren Teil des Trocknungsraumes mit diesem in Verbindung. Die in der Decke eingebauten Ventilatoren saugen nun die Luft durch die seitlichen und oberen Räume unten aus dem Trocknungsraume ab und drücken sie oben in der Mitte desselben wieder in ihn zurück. Jeder Ventilator erzeugt so zwei Luftströme, welche abwechselnd die Heizung und das Trockengut berühren (s. die Pfeile im Querschnitt).

Weil nun vorne Luft einströmt und hinten abgesaugt wird, müssen sich diese Ströme fortgesetzt langsam von vorne nach hinten verschieben. Je weiter die Luftströme nach hinten fortschreiten, um so häufiger haben sie die Heizung berührt, um so wärmer ist die Luft geworden. Der Exhaustor f drückt also nur warme Luft unter den aus Wellblech gebildeten Boden des Trocknungsraumes. Die kalte, an der Stirnseite eintretende frische Luft ist schwerer als die durch den Ventilator bewegte, mit den Heizkörpern schon in Berührung gekommene Luft und breitet sich daher in dünner Schicht auf dem Wellblechboden aus. Letzterer ist durch die auf der unteren Seite hinstreichende warme Luft erwärmt und gibt seinerseits Wärme an die kalte Luft ab. Infolge dieser Erwärmung steigt die frisch eingetretene Luft auf und mischt sich mit den durch die Ventilatoren erzeugten Luftströmen im Trocknungsraum. Der erste vom ersten Ventilator erzeugte Luftstrom ist noch kalt, wenn er durch die Öffnungen k in die Heizkammer einströmt. Er erwärmt sich an den Heizkörpern und tritt oben angewärmt in den Trocknungsraum. Hier trifft er auf das eben eingetretene kalte Trockengut, gibt den größten Teil seiner Wärme ab und verbreitet sich über dem austretenden Trockengut. Letzteres hat noch einen Teil der ihm im Trocknungsraum erteilten Wärme behalten. Diese Wärme wird verbraucht zum Verdampfen des noch im Trockengut befindlichen Wassers. Dadurch kühlt sich das Trockengut weiter ab und gelangt in den Schneckentrog mit einer Temperatur, welche nur wenig höher ist als diejenige der Außenluft. Das zuletzt verdampfte Wasser wird von der Luft aufgenommen, welche nun zu Boden sinkt und durch die Arbeit der Ventilatoren seinen Kreislauf fortsetzt.

Es ist einleuchtend, daß bei diesem Verfahren die Luft bei hoher Temperatur und stark gesättigt den Trocknungsraum verlassen muß und daher befähigt ist, einen Teil, und zwar 20—30 vH der aufgenommenen Wärme, an die kalte eintretende Luft zurückzugeben.

Wie aus der Zeichnung hervorgeht, sind, um die Oberfläche des Trockengutes häufig zu ändern und um dadurch die Trockenarbeit zu beschleunigen, profilierte Walzen angebracht. Die Geschwindigkeit, mit welcher das Trockengut durch den Trocknungsraum geführt wird, kann beliebig eingestellt und desgleichen der Exhaustor in seiner Leistung verändert werden.

Um die Heizung auf Dichtigkeit prüfen und den Boden des Trocknungsraumes leicht reinigen zu können, bestehen die Wände des Gehäuses aus einzelnen Klappen, welche bequem abgenommen werden können.

Bei diesem Trockner ist ebenfalls das Verfahren zur Anwendung gekommen, welches bezweckt, die dem Trockengut erteilte Wärme innerhalb des Trocknungsraumes zur Verdampfung nutzbar zu machen und ferner einen Teil der Wärme der Abluft zu Heizzwecken zu benutzen.

Trifft die von den Heizkörpern kommende Luft zunächst auf das eingeführte nasse und kalte Trockengut, dann dient ihre Wärme zur Erwärmung des Trockengutes und zur teilweisen Verdampfung der Flüssigkeit. Die bei diesem Vorgang sich abkühlende Luft trifft nun auf das austretende, noch feuchte, aber warme Trockengut. Die Wärme in letzterem verdampft den Rest der Flüssigkeit, welche in Dampfform von der Luft aufgenommen wird und den Feuchtigkeitsgrad derselben vermehrt, ohne dabei ihre Temperatur zu ändern. Die Verdampfung bewirkt aber eine Temperaturverminderung des Trockengutes durch Abgabe der im Trockengut angesammelten Wärme.

Ein Trockner, welcher auch als Stufentrockner angesprochen werden kann, ist der nachstehend beschriebene (Abb. 22).

Derselbe ist zum Trocknen von Garnen eingerichtet. Letzteres wird auf Stangen gehängt, diese auf endlose Ketten gelegt und von letzteren durch den Trocknungsraum geführt. Bei a werden die Stangen aufgelegt, und wenn sie bei b angekommen sind, durch eine besondere Vorkehrung gehoben und auf der oberen Bahn cd wieder nach vorne zurückbefördert. Die Führung des Trockengutes ist ähnlich derjenigen, welche auf S. 47 beschrieben wurde, nur statt von oben nach unten, von unten nach oben. Die Luftführung ist aber eine andere. An beiden Längsseiten des Trocknungsraumes sind je drei Kammern angeordnet, von denen die vorderen und hinteren die Heizkörper und die mittleren je zwei Ventilatoren 1 2 3 4 aufnehmen. Oberhalb und unterhalb sind ebenfalls Räume vorhanden, von denen der obere vom Trocknungsraum durch einen Lattenboden geschieden ist und mit den Heizkammern in direkter Verbindung steht. Der untere Raum ist auch durch einen Lattenboden vom Trocknungsraume getrennt und steht in direkter Verbindung mit den beiden Ventilatorräumen. Der Luftstrom erhält daher folgenden Weg:

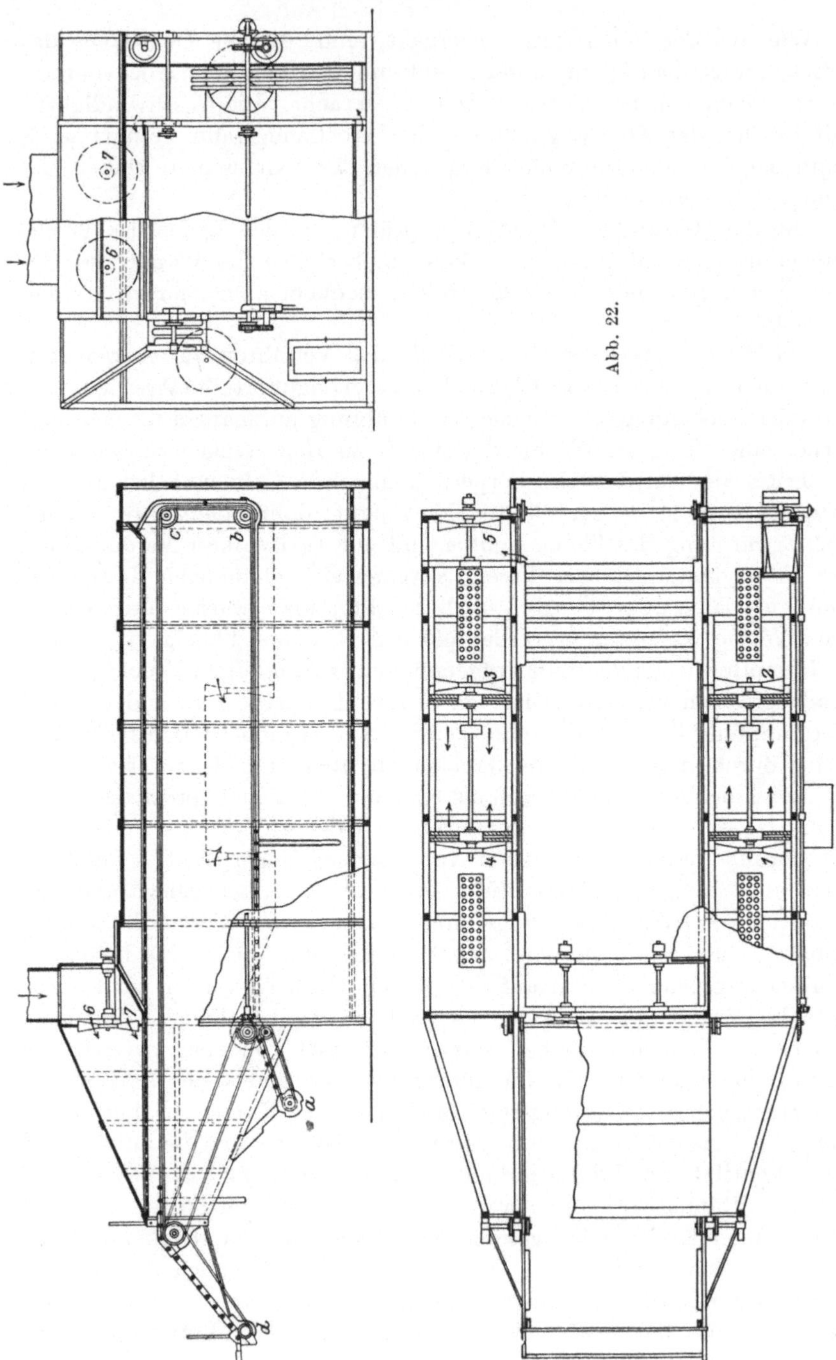

Abb. 22.

Die Ventilatoren saugen aus dem unteren Raume Luft ab, welche
zum Teil bei a eingetreten ist und zum Teil schon im Trocknungsraume
war; drücken sie in den oberen Raum und zwischen den Latten hindurch
wieder in den Trocknungsraum. Schließlich ist von einer der hinteren
Heizkammern getrennt ein Ventilator 5 angebracht, der Luft aus dem
unteren Raume absaugt und abführt. Eine besondere Einrichtung
bilden zwei oberhalb der Decke angebrachte Ventilatoren 6 und 7,
denen die Aufgabe zufällt, frische Luft auf das austretende Trockengut
zu leiten, um eine Abkühlung desselben zu bewirken.

Diese Einrichtung beschleunigt zwar den Trocknungsverlauf, muß
aber mit Rücksicht auf den Wärmeverbrauch als ein Mißgriff bezeichnet
werden, und vermehrt den Kräfteverbrauch.

15. Trocknungsanlagen mit gemischter Beheizung.

Als Beispiel einer solchen Anlage kann das Trocknungsverfahren
dienen, welches die Firma Moeller & Pfeifer anwendet zum Trocknen

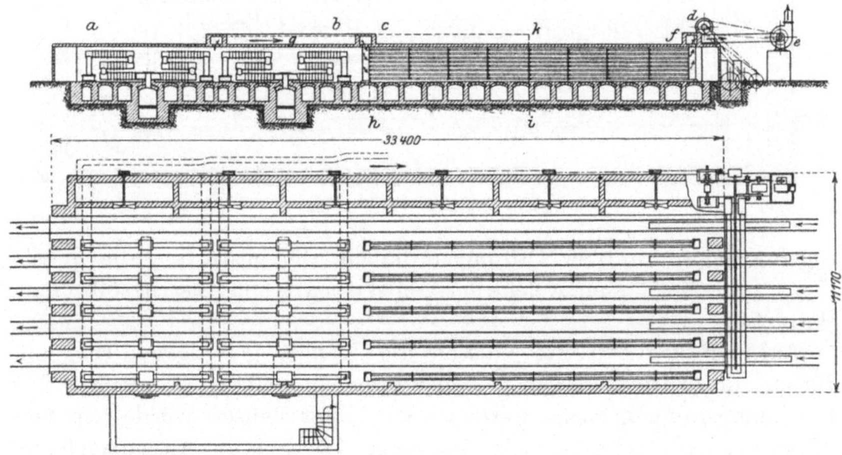

Abb. 23.

von Ton- und Zementziegeln. Die Abb. 23 und 24 geben ein Bild derartiger Anlagen im Grundriß, Längsschnitt und Querschnitt (letzteres
im vergrößerten Maßstabe). Die Anlage hat fünf Gleise, auf denen
Wagen in gleicher Richtung durch eine mechanische Vorrichtung in
bestimmten Zeitabständen vorgeschoben werden. Auf den Wagen
sind die Ziegel so aufgestellt, daß die trocknende Luft möglichst große
Oberflächen berührt. Zwischen den Gleisen sind Heizkörper aufgestellt,
und zwar von a—b Kaloriferen, die von auf gewöhnlichen Rosten erzeugten Heizgasen durchzogen werden. Letztere werden durch einen
Kamin abgezogen und kommen mit dem Trockengut nicht in Berührung.

Diese Kaloriferen sind so bemessen, daß sie der sie umgebenden Luft eine Temperatur von 150° C erteilen können. Die Heizkörper von c—d sind aus Rippenrohren hergestellt und werden von derjenigen Luft beheizt, welche vermittels des Ventilators e durch die mit den Rippenrohren in Verbindung stehenden Kanäle f und g von demjenigen Teil der Anlage abgesaugt ist, in welchem die Kaloriferen untergebracht sind. Seitlich von dem bedeckten Trocknungsraum sind Ventilatoren angebracht, welche aus demselben Luft absaugen und durch unterhalb des Trocknungsraumes hergestellte Kanäle nach der anderen Seite und wieder in den Trocknungsraum hineindrücken. Es ist dies die gleiche Anordnung, welche wir bei den Stufentrocknern schon kennenlernten, und welche dazu dient, der trocknenden Luft einen spiralförmigen Weg durch den Trocknungsraum zu geben.

Dort, wo die Wagen in den Trocknungsraum eintreten, ist ein Verschluß der Eintrittsöffnungen nicht erforderlich. Ist aber ein solcher

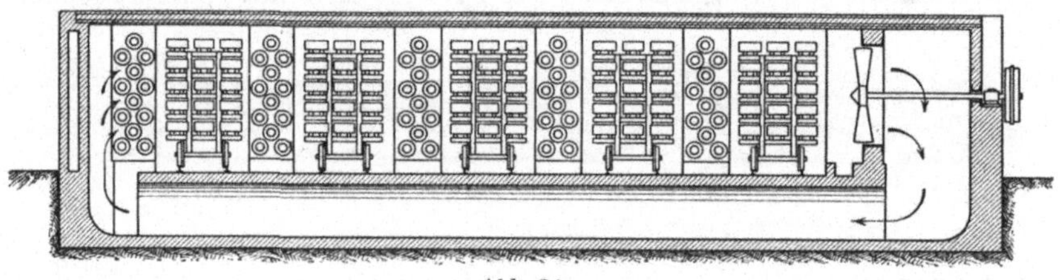

Abb. 24.

angebracht, so muß er Öffnungen haben, die gestatten, die gleiche Menge Luft einzulassen, welche der Ventilator vor den Austrittsöffnungen absaugt.

Auf der Austrittsseite müssen die Kanäle geschlossen sein und dürfen nur geöffnet werden in den Pausen, in welchen Wagen aus dem Trocknungsraum gezogen werden. In diesen Pausen würde der Ventilator die Luft nicht durch die Eingangs-, sondern die Ausgangspforten saugen, sofern er nicht abgestellt wird. Durch den Weg, der der Luft aufgezwungen wird, ergibt sich, daß sie ihre höchste Temperatur in der Nähe der Ausgangspforten erreicht und dabei eine Menge Wasserdampf aufgenommen hat. Bei ihrem Wege durch die Rippenrohre wird dieser Luft Wärme entzogen und der Wasserdampf zum Teil kondensiert. Man gewinnt also auch bei diesem Verfahren einen Teil der verbrauchten Wärme zurück. In welchem Maße, wird aus dem Wärmebilde hervorgehen.

Bei Betrieben, wo der Abdampf der Dampfmaschine nicht anderweitig zu verwerten ist, kann man einen Teil der Rippenrohre mit diesem beheizen und wählt dazu den sich an die Kaloriferen anschließenden, z. B. den Teil h—i. Dann verlängert man den Verbindungskanal g—k, läßt den Dampf bei h ein- und bei i austreten, und zwar in den Kanal g. Dieser Dampf vermehrt dann den Dampfgehalt, der durch die Rippenrohre k—f ziehenden Luft und erhöht ihre Temperatur.

Wir haben dann drei Heizmittel mit verschiedenen Temperaturen. Zunächst die Verbrennungsgase, welche der Luft eine Temperatur von 150° C erteilen, dann den Abdampf mit einer Temperatur von zirka 105° C und weiter eine Mischung der Abluft mit diesem Dampf.

Die Wirkung dieser Mittel zeigt uns Abb. 25[1]). Die Temperatur des Heizmittels am Eingang des Trocknungsraumes kennen wir nicht und wissen nur, daß am Ausgange die Kaloriferen der trocknenden Luft eine Temperatur bis 150° C erteilen können. Wir müssen also von hier ausgehen und in umgekehrter Richtung das Bild der Wärmezustände herstellen.

Angenommen, wir verbrauchten zur Auftrocknung des Wassers, bezogen auf 1 kg Luft, den Wärmewert a—b. Davon wäre der Teil b—c durch Erwärmung der Luft vermittels der Kaloriferen auf 150° C gewonnen. Der Wärmewert c—d entstamme dem Abdampfe. Dann bezeichnet der Punkt b die höchste Temperatur der trocknenden Luft. Das Trockengut kommt mit einer Temperatur aus dem Trocknungsraum, der dem Punkt e entspricht, wenn durch Dreieck e—f—g der Wärmewert des Trockengutes angezeigt wird. Punkt h bezeichnet den Zustand der trocknenden Luft, in dem sie den Trocknungsraum verläßt, sofern ihre Sättigung bis auf 80 vH gelingt.

Zieht man nun von h aus die Abkühlungs- und Erwärmungslinien der Luft, so würden sich fünf Stufen ergeben für den durch die Kaloriferen gelieferten Wärmewert b—c. Von Punkt i ab tritt der Abdampf mit einer Temperatur von 105° C in Wirksamkeit. Von dem Wärmewert c_1—d_1 möge, nachdem der Dampf in den Rippenrohren für Abdampf zur Wirkung gelangt ist, ein Drittel in den Kanal abströmen, wo er sich mit der Abluft mischt, um dann weiter zu wirken.

Der Wert c—d beträgt 215 WE, und weil 1 kg Dampf von 105° C einen Gesamtwert von $\sim$ 639 WE hat, ist die Menge $= \dfrac{215}{639} = \sim {}^1/_3$ kg. Um nun ${}^1/_3$ kg Dampf von 0° auf 100° zu bringen, brauchen wir ${}^1/_3 \cdot 100 \cdot 0{,}475 = 15{,}6$ WE. Die Richtung der Wärmewertverminderung dieses Dampfes bei Temperaturabnahme zeigt im Dreieck k—l—m die Linie l—m, weil k—$l = 15{,}6$ WE. ist. Ziehen wir nun n—o parallel zu l—m, dann haben wir durch den Linienzug n—o—k das Bild dargestellt, nach welchem der Wärmewert c_1—d_1 von 105° C in den Wärmewert bei 100° C übergeht. Wegen der Geringfügigkeit des Wertes o—p soll dessen

---

[1]) In dieser Abbildung ist die Lufterwärmungslinie nach rechts gelegt, an die sich die Dampfwärmewerte anschließen.

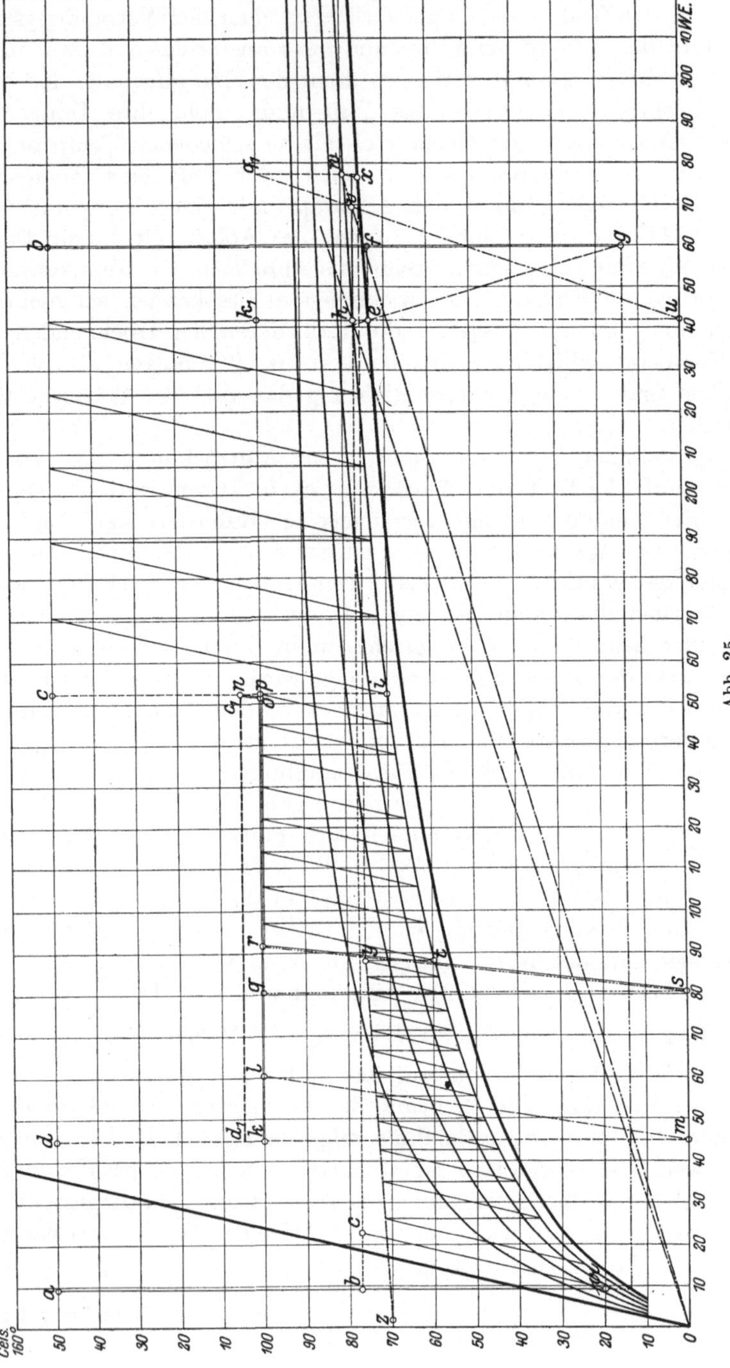

Abb. 25.

Wirkung auf die trocknende Luft nicht verfolgt werden, um die weitere Entwicklung nicht zu belasten.

Von dem Dampfwärmewert k—o soll nun der Teil k—q in die Abluft geführt werden und kommt dessen Wirkung weiter unten zur Sprache. Bei Teil o—q treten folgende Zustandsänderungen ein. Durch Wärmeabgabe ändert sich die Temperatur nicht früher, als bis sämtlicher Dampf in den flüssigen Zustand übergegangen ist. Der Wert o—q mißt 71 WE. Das Gewicht des Dampfes ist also $71 : 637 = 0{,}1115$ kg. Auch hier erhalten wir durch Dreieck q—r—s, in welchem die Seite q—r $= 0{,}1115 \cdot 100 \cdot 1 = 11{,}15$ WE mißt, die Richtung, in welcher der Dampf in flüssigem Zustande durch Temperaturabnahme seinen Wärmewert ändert. Für die Wirkung des Abdampfes kommt daher Linienzug o—r—s in Frage.

Aus dem Temperaturunterschiede zwischen der 80 vH Sättigungslinie und dem Linienzug o—r—s entwickeln sich sieben Trockenstufen bis Punkt t.

Von Punkt t aus beginnt nun die Wirkung der Abluft, deren Zustand durch Punkt h bekannt ist. In diese Luft strömt der Dampf, welcher durch den Dampfwert k—q gegeben ist. Tragen wir auf der 100er Temperaturlinie diesen Wert an die Senkrechte durch h, so daß k—q $= k_1$—q_1, und ziehen die Linie q_1—u, so schneidet diese die Horizontale durch h in v. Ziehen wir nun die Linien 0—h und 0—v, so wird 0—v durch die Linie q_1 in w geschnitten. Der Punkt w gibt dann die Temperatur des Wärmewertes an, der aus der Abluft und dem Abdampf entstanden ist. Eine durch Wärmeabgabe hervorgerufene Verminderung des Wärmewertes erfolgt nach der Linie w—x und von dort aus nach der Taulinie. Diese Linie bezeichnet also auch die Temperatur der Luft in den Rippenrohren für Abluft.

Verschieben wir diesen Linienzug in der Horizontalen so lange, bis Punkt x auf Punkt y fällt, dann begrenzt das Kurvenstück y—z die Temperaturen nach oben und die 80 vH Sättigungslinie die Temperaturen nach unten, innerhalb welcher sich die trocknende Luft erwärmen kann. Die Menge der Abluft und die Menge der trocknenden Luft ist gleich, und nur ihre Temperaturen und die Sättigungsgrade sind verschieden.

Von t und y aus ziehen wir die Abkühlungs- und Erwärmungslinien und erreichen in annähernd 12,5 Stufen den Zustand a der eintretenden frischen Trockenluft.

Um den zwischen den Punkten c und h liegenden Dampfwert zu erzielen, brauchen wir mindestens den Wert a—b. Zu diesem tritt noch der Wärmewert der ungenutzt abziehenden Verbrennungsgase, deren Temperatur höher als in Punkt b sein muß und daher mindestens den Wert b—c hat.

16. Das Trocknen im Vakuum.

Das Trocknen im Vakuum findet Anwendung für solche Stoffe, welche nur bei niedrigen Temperaturen von den ihnen anhaftenden Flüssigkeiten befreit werden können. In solchen Fällen nimmt man nicht immer auf die Wirtschaftlichkeit Rücksicht. Aber auch für Massengüter, wie Zucker, Getreide usw., sind Vakuumtrockner in Aufnahme gekommen, obgleich diese Stoffe höhere Temperaturen vertragen. Da der Wärmeverbrauch bei allen Trocknern die laufenden Kosten vornehmlich belastet, so soll im nachstehenden untersucht werden, welcher Mindestverbrauch beim Trocknen im Vakuum zu erwarten ist.

Im Vakuum trocknen heißt mit vermindertem Luftdruck trocknen. Das bedeutet aber: das Trocknen muß in luftdicht verschlossenen Gefäßen geschehen, und die Herstellung derartiger Gefäße bedingt größere Anlagekosten.

Ebenso wie für einen Luftdruck von 760 mm QS können wir den Wärmewert der feuchten Luft bei geringerem Drucke berechnen, und dies ist geschehen in der nachstehenden Tabelle 8 für gesättigte Luft und den Spannungen von 380, 190, 95 und 47,5 mm QS.

Gewöhnlich spricht man nicht von Spannungen, sondern von der Höhe des Vakuums, nämlich dem Unterschied zwischen der mittleren Spannung der Atmosphäre von 760 mm QS und der Spannung im geschlossenen Gefäße. In der Tabelle ist das Vakuum mit 380, 570, 665 und 712,5 entsprechend den Spannungen 380, 190, 95 und 47,5 eingesetzt.

Die Tabelle enthält in Spalte 1 die Temperaturen 0, 10 usw. bis 100° C und in Spalte 2 die Spannung des Dampfes bei diesen Tempera-

Tabelle

1	2	3	4	5	6	7	8	9	10
Temperatur der Luft	Spannung des Dampfes	Spannung der Luft bei einem Vakuum				Gewicht eines Kubikmeters Luft bei einem Vakuum			
		380	570	665	712,5	380	570	665	712,5
0	4,6	375,4	185,4	91,4	42,9	0,641	0,317	0,156	0,073
10	9,16	370,84	180,84	85,84	38,34	0,611	0,298	0,147	0,065
20	17,39	362,61	172,61	77,61	30,11	0,577	0,275	0,133	0,051
30	31,55	348,45	158,45	63,45	15,95	0,536	0,244	0,108	0,027
40	54,90	325,09	135,09	40,09	—	0,481	0,200	0,068	—
50	91,98	288,02	98,02	3,02	—	0,413	0,141	0,005	—
60	148,79	231,21	42,21	—	—	0,322	0,059	—	—
70	233,09	146,91	—	—	—	0,194	—	—	—
80	354,64	25,36	—	—	—	0,033	—	—	—
90	525,45	—	—	—	—	—	—	—	—
100	760	—	—	—	—	—	—	—	—

turen. In den Spalten 3, 4, 5, 6 kommt die Spannung der Luft bei den verschiedenen Temperaturen und Vakuumhöhen zum Ausdruck.

Die in den Spalten 7, 8, 9, 10 genannten Gewichte der Luft werden erhalten aus der bekannten Formel

$$\gamma = \frac{1{,}293}{1 + \alpha\,t} \cdot \frac{p}{760}\,.$$

Dividiert man diese Werte in 1, so erhalten wir die Raummenge von 1 kg Luft in Kubikmeter bei den verschiedenen Vakuumhöhen in den Spalten 11, 12, 13, 14.

Durch Vervielfältigung dieser Zahlen mit dem spezifischen Gewicht des Dampfes und der Gesamtwärme desselben bei den entsprechenden Temperaturen ergeben sich dann endlich die Wärmewerte des Dampfes.

In Abb. 26 sind nun die erhaltenen Wärmewerte in bekannter Weise aufgetragen, zunächst die Begrenzungslinie der trocknen Luft $= A\,B$, dann die Linie für gesättigte Luft und den mittleren Atmosphärendruck 760 mm QS $= CD$ und so fort für die verschiedenen Spannungen die Linien EF, GH, JK, LM. Für o-Spannung oder für absolutes Vakuum hat die Linie NO Geltung.

Ein beliebiger Wärmewert, der dem Trockengute durch Vermittlung der Luft zugeführt wird, würde bei atmosphärischer Spannung den Dampfwert c—d erzeugen können, bei 380 mm QS den Wert e—f und so fort, bis schließlich bei absolutem Vakuum und 0° C in Punkt g der aufgewendete Wärmewert nur zur Dampfbildung dient.

Daraus ergibt sich, daß die Wärmeausnutzung mit dem Vakuum steigt.

Es fragt sich nun, inwieweit der Arbeits- oder Wärme-Aufwand, welcher für die Herstellung des Vakuums notwendig ist, den Gewinn

8.

11	12	13	14	15	16	17	18
Raummenge von 1 kg Luft in Kubikmeter bei einem Vakuum				Wärmewert des Dampfes bei einem Vakuum von			
380	570	665	712,5	380	570	665	712,5
1,556	3,158	6,407	13,66	4,53	9,17	18,61	39,64
1,623	3,357	6,822	15,274	9,25	18,96	38,01	85,09
1,694	3,641	7,545	19,448	17,71	38,06	76,92	198,25
1,865	4,102	9,652	36,714	35,55	76,00	207,9	658,6
2,080	5,005	14,637	—	65,56	157,77	442,4	∞
2,422	7,116	196,91	—	125,01	367,33	9538	∞
3,110	17,034	—	—	254,5	1394,3	∞	∞
5,158	—	—	—	741,58	∞	∞	∞
30,047	—	—	—	5611	∞	∞	∞
—	—	—	—	∞	∞	∞	∞
—	—	—	—	∞	∞	∞	∞

an Wärme aufwiegt, und müssen wir daher den Wärmewert für 1 kg Luft berechnen.

Nun gilt für adiabatische Kompression die Gleichung[1]):

$$L = \frac{x}{x-1} \cdot R\,(T_2 - T_1)\,,$$

worin L die Arbeit in Meterkilogramm,

$$x = \frac{c_p}{c_v} = \frac{\text{spez. Wärme bei konst. Druck}}{\text{spez. Wärme bei konst. Volumen}}$$

bedeutet. Die konstante Größe $R = 29{,}2721$ m/kg. T_2 ist die absolute End- und T_1 die absolute Anfangstemperatur der komprimierten Luft.

Für die feuchte Luft ist nun

$$x = \frac{c_p' + m\,c_p''}{c_v' + m\,c_v''}\,,$$

worin c_p' und c_v' die spezifische Wärme der Luft, c_p'' und c_v'' diejenige des überhitzten Wasserdampfes bedeuten, während m das Verhältnis des Dampfgewichtes zum Luftgewicht in Kilogramm feuchter Luft angibt.

Die in unserer Abb. 26 mit Punkt h gekennzeichnete Dampfluft hat eine Temperatur von 6^0 C, also die absolute Temperatur $273 + 6 = 279^0$ C. Wird sie bis auf die Temperatur in c komprimiert, so ist ihre absolute Temperatur $278 + 50 = 323^0$ C.

Der Dampfwärmewert der durch Punkt h gekennzeichneten Luft ist $= 63$ WE und das Gewicht dieses Dampfes

$$\frac{63}{600} = 0{,}105 \text{ kg.}$$

Dann ist $m = \dfrac{0{,}105}{1}$, und da $c_p' = 0{,}2375$, $c_p'' = 0{,}4805$, $c_v' = 0{,}1685$ und $c_v'' = 0{,}3695$ ist, wird

$$x = \frac{0{,}2375 + 0{,}4805 \cdot 0{,}105}{0{,}1685 + 0{,}3695 \cdot 0{,}105} = 1{,}389.$$

Demnach

$$L = \frac{1{,}389}{1{,}389 - 1} \cdot 29{,}2721\,(323 - 279) = 4598{,}5 \text{ m/kg}$$

oder durch das mechanische Wärmeäquivalent dividiert:

$$4598{,}5 : 424 = 10{,}845 \text{ WE.}$$

Um trockene Luft von 6^0 auf 50^0 C zu erwärmen, würden wir gebrauchen für jedes Kilogramm Luft $0{,}2 \cdot 375 \cdot (50-6) = 10{,}45$ WE. Die Kompressionsarbeit ist also größer als der Wärmewert der trockenen Luft. Berücksichtigt man ferner, daß der Nutzeffekt der Luftpumpen

---

[1]) Siehe von Ihering, „Die Gebläse", 3. Aufl., S. 563.

selten mehr als 0,65 ist
und daß in der Regel auch
das Kühlwasser für den Kon-
densator gefördert werden
muß, so ergibt sich die
Regel, daß mit steigen-
dem Vakuum auch der
Wärmeaufwand steigt.

Tragen wir den Wärme-
wert 10,845 WE, d. i. die
Kompressionsarbeit, an
den Punkt h, so daß $h—i$
$= 10,845$ WE ist, und
ziehen die Linie $c—i$, so
haben wir das Bild für
den Wärmeaufwand beim
Trocknen im Vakuum. Für
einen Nutzeffekt der Luft-
pumpe von 0,65 würde die
Linie $c—k$ gelten. Berücksichtigt man noch den
Wärmeaufwand für die Be-
schaffung des Kühlwassers,
dann rückt der Punkt k
weiter nach rechts.

Unter Umständen kann
man aber den Wärmeauf-
wand für die Verdampfung
der Flüssigkeit der äuße-
ren Luft entnehmen, und
damit fielen die Aufwen-
dungen für die Erzeugung
der Wärme fort, welche
wir für die Dampfbildung
im Vakuum bedürfen.

Haben wir z. B. eine
Außenluft mit der Tem-
peratur 25° C und einem
Feuchtigkeitsgrad von 60
vH, wie sie durch Punkt l
gekennzeichnet ist, und arbeiten mit einem Vakuum
von 712,5 mm und einer

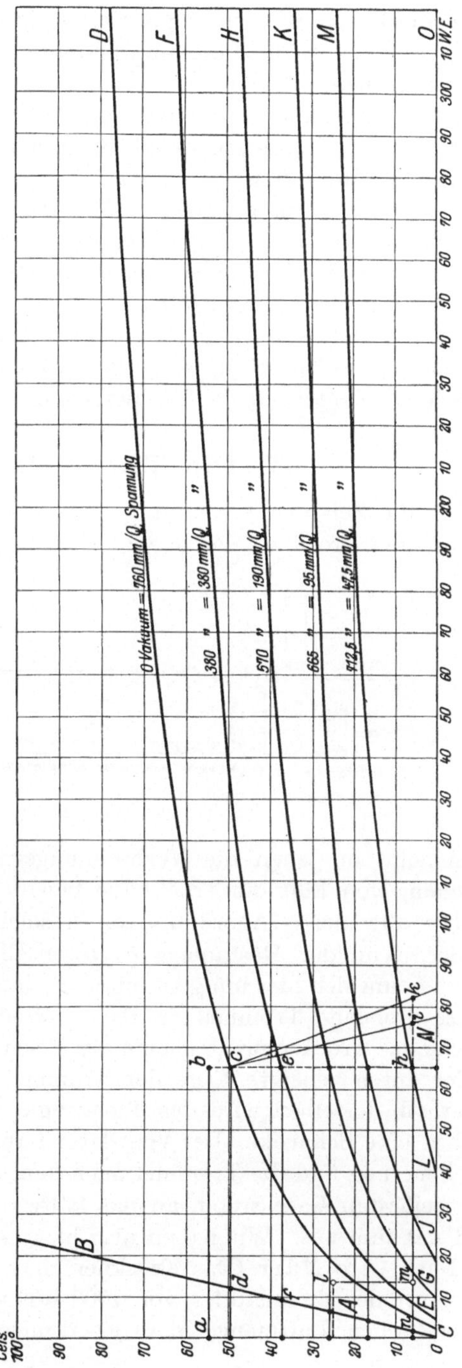

Temperatur von 6^{0} C im Apparat, so würde aus der Außenluft der Wärmewert $m—n$ für die Dampfbildung im Trockenapparat gewonnen werden können.

Man erkennt aber sofort, daß $m—n$ kleiner ist als $h—k$, daß also der Wärmewert der Kompressorarbeit größer ist als die durch letztere erzielte Dampfbildung.

Anderseits würde aber der geringe Temperaturunterschied zwischen der Luft innerhalb des Apparates und außerhalb desselben eine außerordentlich große Heizfläche für die Übertragung der Wärme bedingen oder einen großen Zeitaufwand.

Die Untersuchung zeigt, daß das Trocknen im Vakuum nur dann Anwendung finden sollte, wenn das Trockengut nur Temperaturen verträgt, welche unterhalb der Temperatur der atmosphärischen Luft liegen.

17. Die Trommeltrockner.

Um die Zeit des Trocknungsvorganges abzukürzen und damit den Umfang der Trocknungsanlage zu vermindern, verwendet man vielfach

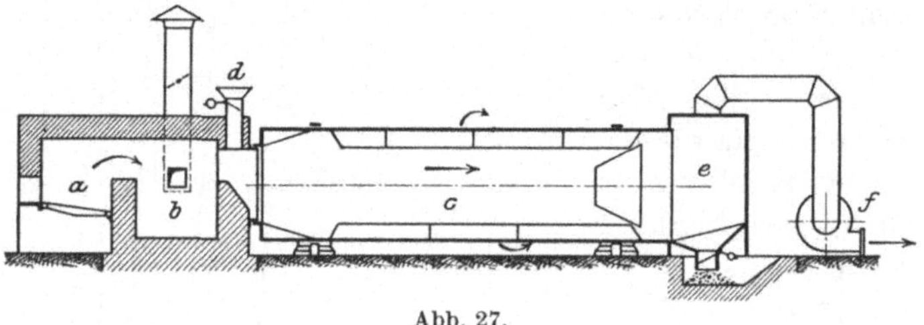

Abb. 27.

Trommeln, in denen die Verbrennungsgase in der Regel unter Zumischung von Luft die Trocknung bewirken.

Die allgemeine Anordnung eines solchen Trockners gibt Abb. 27 wieder. Von der Rostanlage a treten die Verbrennungsgase in den Raum b, um sich hier innig zu mischen, dann weiter in eine sich um ihre Achse drehende Trommel c. Bei d ist eine Vorrichtung angebracht, welche das Trockengut in geeigneter Form in die Trommel leitet. Entweder durch geneigte Lage der Trommel oder Schaufelvorrichtungen innerhalb derselben wird das Trockengut in den Raum e geführt und fällt in eine Schnecke. Der Ventilator f aber saugt den Gasstrom durch die Feuerung und die Trommel nach dem Raume e und aus diesem ab. Die heißesten Gase treten an das kälteste und feuchteste Trockengut und mit ihm aus. Wir haben also hier Gleichstrom.

Nach Otto Marr (Das Trocknen und die Trockner) ist bei einem Heizwert des Brennstoffes von 7000 WE pro Kilogramm bei doppelter theoretischer Luftmenge das gasförmige Verbrennungsprodukt mit

21 kg zu bewerten und erreicht man dabei eine Verbrennungstemperatur von 1100° C. Da die spezifische Wärme der Verbrennungsgase annähernd derjenigen der Luft gleich ist (0,24 gegen 0,2375), so kann

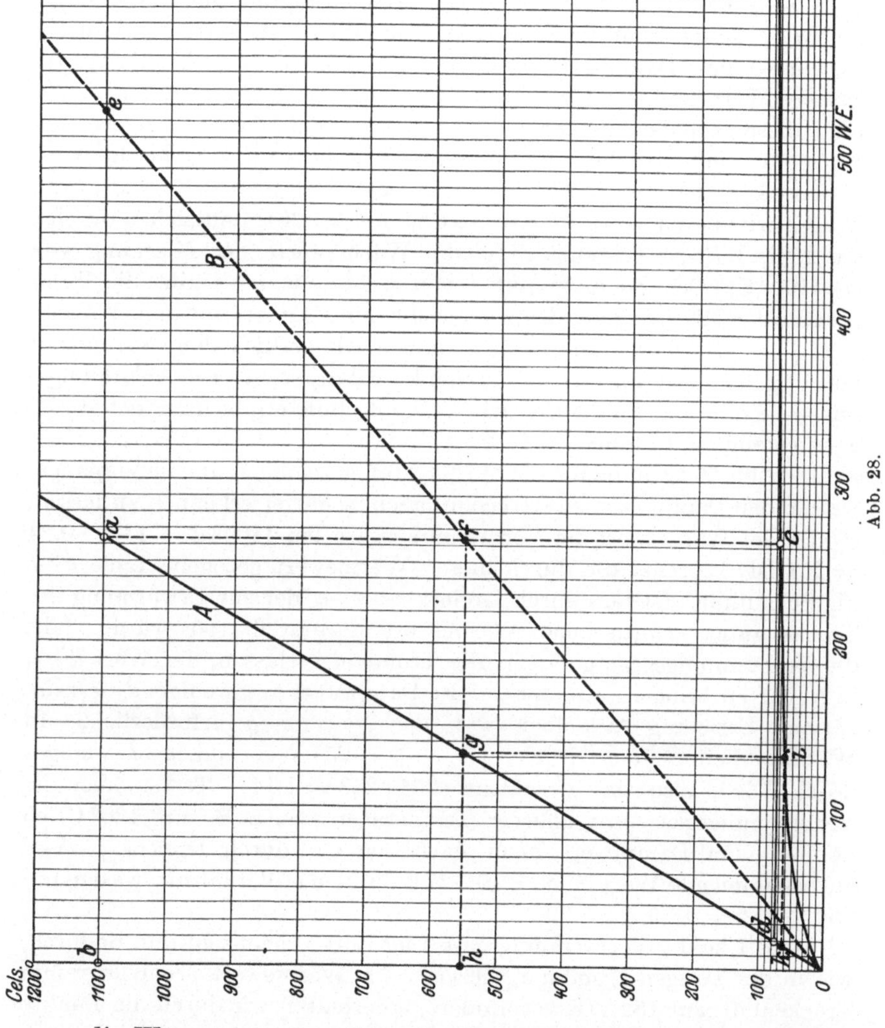

man die Wärmewerte von 1 kg der Verbrennungsgase in den Grenzen von 0—1100° C durch die Linie 0A (s. Abb. 28) darstellen. Bei Entwurf der Abbildung sind die Temperaturen in einem Maßstab gezeichnet, der einem Zehntel des früheren entspricht, und die Wärmeeinheiten in einem Viertel desselben. Es ist dies geschehen, um eine bessere Übersicht zu erlangen.

Die Fläche, in welcher die Temperaturen von 0—100° C enthalten sind, enthält auch die Begrenzungslinie der mit Wasserdampf gesättigten Luft.

Zieht man nun von Punkt a, demjenigen Punkt, der den Wärmewert a—b der Verbrennungsgase bei 1100° C angibt, die Abkühlungslinie a—c, so daß c in die Sättigungslinie fällt, dann hätte der Wärmewert a—b den Dampfwert c—d erzeugt. Welche Einschränkung der letztere Wert erleidet, wird in der folgenden Abbildung gezeigt, während diese noch dazu dienen soll, zu zeigen, welche Zustandsänderungen eintreten, wenn den Verbrennungsgasen frische Luft zugemischt wird.

1 kg Luft hat bei 1100° C den Wärmewert 1100 · 0,2375 = 261 WE. Tragen wir diesen Wert an a an, so daß a—e = 261, und ziehen durch e die Linie $0\,B$, so begrenzt diese die Wärmewerte der Mischung von 0—1100° C. Der Schnittpunkt f von o—B mit a—c gibt die Temperatur der Mischung an, deren Gewicht nun 2 kg ist, mit dem Wärmewert f—h. Halbieren wir f—h, so haben wir endlich den Wärmewert von 1 kg der Mischung durch die Linie h—g dargestellt. Die Abkühlungslinie g—i mit dem Punkt i in der Sättigungslinie ergibt dann den durch g—h erzeugten Dampfwert i—k.

Die Abb. 29 ist in dem früheren Maßstab gezeichnet, um die Vorgänge, welche den Dampfwärmewert beeinflussen, schärfer erkennen zu lassen.

Da der Wärmewert der Verbrennungsgase bei 1100° C = 1100 · 0,24 = 264 ist, begrenzt die durch diesen Wärmewert gezogene Linie a—b die Schaulinie. Ist nun durch Dreieck c—d—e_1 der zur Erwärmung des Trockengutes erforderliche Wärmewert dargestellt, so würde, falls die Verbrennungsgase gesättigt die Trommel verlassen, der Wert d—e_1 in Abzug zu bringen, also der erzielte Dampfwert e—f weniger d—e_1 sein.

Zur Erzielung desselben war der Wert e—g erforderlich. In Wärmeeinheiten ausgedrückt ist e—g = 254 WE und e—f weniger d—e_1 = 223, also das Verhältnis 254 : 223 = 1,14. Treten aber die Verbrennungsgase mit höherer Temperatur aus, z. B. mit 120° C, so kommt vom Dampfwert noch in Abzug der durch Dreieck f—h—i zu bestimmende Wert f—i = 10,5 WE, und das Verhältnis wird dann 254 : 212,5 = 1,25.

Wird 1 kg der Verbrennungsgase 1 kg Luft zugemischt und dadurch, wie in der vorigen Abbildung gezeigt, der Wärmewert pro Kilogramm Trockenluft auf 132 WE vermindert, so erhalten wir durch die Punkte $k\,l\,m\,n\,o\,p\,q\,r\,s$ die Abbildung zur Bewertung des Vorganges. Der Wärmewert o—q erzeugt dann den Dampfwert p—r bei vollkommener Sättigung und den Dampfwert r—s bei dem Austritt der trocknenden Mischung mit 120° C. Es ergeben sich dann die Verhältnisse: o—q : p—r = 122 : 97,5 = 1,255 und o—q : s—r = 122 : 84 = 1,45.

Hierbei ist nicht Rücksicht genommen auf den in den Verbrennungsgasen selbst enthaltenen Dampfwert und den unvermeidlichen Verlust, der durch Abkühlung der sich bewegenden Trommel entsteht, welcher infolge der großen Temperaturunterschiede zwischen der äußeren und inneren Luft erheblich wird.

In bezug auf Wärmeaufwand sind die Trommeltrockner daher einer guten Stufentrocknung nicht überlegen, selbst wenn man in Rechnung zieht, daß durch direkte Verbrennung das Brennmaterial günstiger ausgenutzt wird als auf dem Umwege durch den Dampfkessel. Beim Trocknen von Pflanzenteilen wird aber das Trockenprodukt wertvoller bleiben, wenn die Trocknung bei niedrigen Temperaturen erfolgt, und sofern Abdampf oder Zwischendampf zur Verfügung steht, wird die Trocknung beim Stufentrockner billiger, selbst wenn die Anlage dadurch umfangreicher wird.

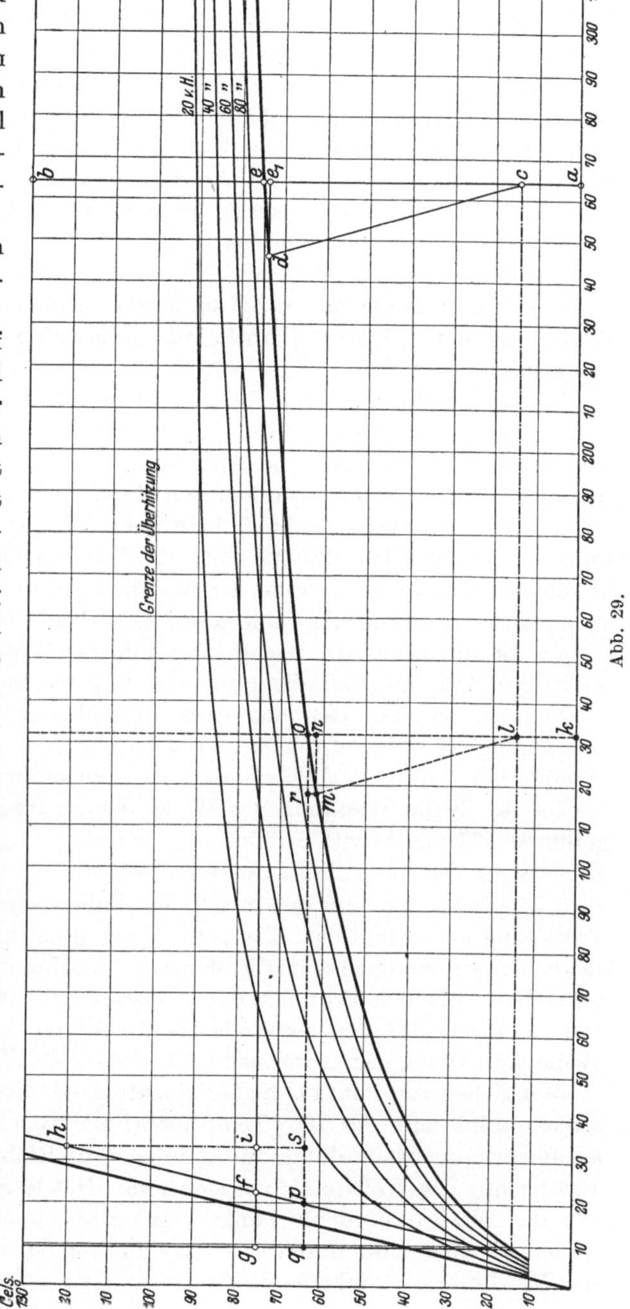

Abb. 29.

18. Die Walzentrockner.

Die Walzentrockner, welche in der Textilindustrie schon seit langer Zeit zum Trocknen von Geweben, Garnketten usw. benutzt worden sind, werden in neuerer Zeit, wenn auch in anderer Form, in landwirtschaftlichen Betrieben namentlich, zur Herstellung von Futtermitteln verwendet. Den verschiedenen Zwecken entsprechend, ist ihre Gestaltung eine mannigfache, und aus diesem Grunde ist hier davon abgesehen, Abbildungen derselben zu bringen. Ihre allgemeine Wirkungsweise kann nach dem graphischen Verfahren wie folgt erklärt werden.

In Abb. 30 begrenzt die Linie AB die Wärmewerte von 1 kg Dampf und die Linie CD die im Dampf enthaltene Flüssigkeitswärme. Diese Werte sind der („Hütte"-)Tabelle für gesättigten Wasserdampf entnommen.

Solange der Dampf sich in der atmosphärischen Luft auflösen kann, erfolgt seine Abkühlung nach der Linie AB. Ist er aber in ein Gefäß eingeschlossen, so bewirkt die Abkühlung eine Kondensation, welche so lange anhält, bis der Dampf in den flüssigen Zustand übergegangen ist und dann bei weiterer Abkühlung der Linie der Flüssigkeitswärme folgt. Demnach würde Dampf von 115⁰ C sich nach der Linie a—b—C abkühlen. Nur dann, wenn mit der Abkühlung eine Druckverminderung verbunden ist, würde die Linie a—s—C Geltung haben.

EF ist die bekannte Begrenzungslinie der Wärmewerte von 1 kg gesättigter Luft und GH die Linie von 1 kg trockner Luft.

Nehmen wir an, daß das dem Dampfkessel zugeführte Wasser eine Temperatur von 20⁰ C hatte, dann ist dem in die Walze eintretenden Dampfe von 115⁰ C der Wärmewert c—a zugeführt.

Die durch die Wandung der Walze der zu trocknenden Masse zugeführte Wärme bewirkt außer der Verdampfung des Wassers eine Erwärmung der Masse. Da letztere, solange noch Flüssigkeit in ihr zurückgeblieben ist, und nur in seltenen Fällen wird eine vollkommene Trocknung angestrebt, die Temperatur der gesättigten Luft annimmt, so können wir nach früherem die Menge der hierfür erforderlichen Wärme feststellen. Als Beispiel diene ein Wollstoff mit 100 vH Wassergehalt. Die spezifische Wärme der Wolle ist annähernd 0,4, so daß, um 1 kg Wolle auf 100⁰ C zu erwärmen, $0,4 \cdot 100 = 40$ WE erforderlich sind.

Wir ziehen von Punkt a die Senkrechte a—d. Von dem Schnittpunkt e dieser Linie mit der 100⁰ Temperaturlinie tragen wir 40 WE $= e$—f ab und erhalten dann durch die Linie f—d die Richtung, in welcher die Erwärmung des Wollstoffes vor sich geht. Hat letzterer vor Berührung mit der Walze die durch Punkt g gekennzeichnete Temperatur und ziehen wir eine Linie durch g parallel zu f—d, so schneidet diese Linie die EF-Linie in Punkt h.

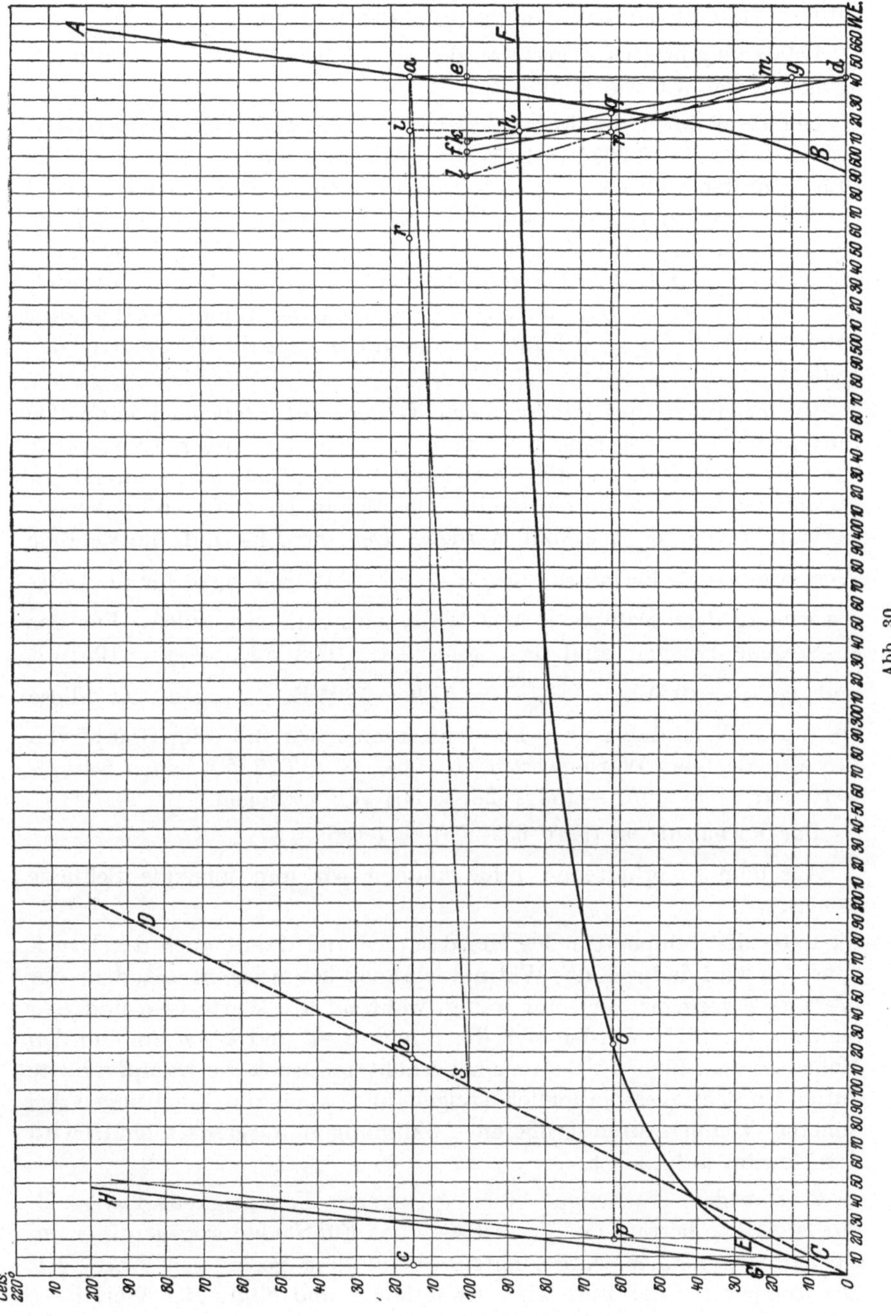

Abb. 30.

Der vom Dampf innerhalb der Walze abgegebene Wärmewert a—i wird verbraucht zur Erwärmung des Trockengutes.

Letzteres gibt aber Wärme an die es umgebende Luft ab, und diese Menge finden wir wie folgt:

Die Temperatur der Luft sei 20⁰ C. Um sie auf 100⁰ zu erwärmen, brauchen wir $80 \cdot 0{,}2375 = 19$ WE. Verlängern wir die Linie g—h bis zum Schnittpunkte k mit der Temperaturlinie 100⁰, machen k—l $= 19$ WE, und ziehen die Linie l—m, so begrenzt letztere die Summe der Wärmewerte der Luft und des Trockengutes. Da die Temperatur des letzteren durch Punkt h angezeigt ist, ergibt sich durch Austausch die Temperatur der Luft durch Verlängerung der Linie i—h bis zum Schnittpunkt n der l—m-Linie. Der Punkt n zeigt die Temperatur der Luft an.

Mit Rücksicht auf den geringen Temperaturunterschied kann der Luft keine höhere Temperatur erteilt werden. Bei dieser Temperatur kann aber 1 kg Luft nur den Dampfwert o—p aufnehmen, während ein Dampfwert i—c abzuführen bleibt. Die Menge der Luft muß daher im Verhältnis i—$c : o$—p erhöht werden. Der für 1 kg Luft notwendige Wert war n—q. Es müssen also n—$q \cdot \dfrac{i—c}{o—p}$ Wärmewerte für die Lufterwärmung dem Dampfe in der Walze entnommen werden. Für das angezogene Beispiel sind das, weil i—$c = 608$ WE, c—$p = 105$ WE und n—$q = 10$ WE $= \dfrac{10 \cdot 608}{105} = 57{,}9 \sim 58$ WE. Tragen wir diese von i aus ab, so daß i—$r = 58$, dann können wir mit 1 kg Dampf von 115⁰ C und einem Wärmewert a—$c = 642 \cdot 5 = 637$ WE einen Dampfwert von c—$r = 637 - (58 + 28) = 551$ WE erzeugen.

Das Verhältnis ist dann $637 : 551 = 1{,}156$.

Aus dem so erhaltenen Bilde können wir nun folgende Schlüsse ziehen:

1. Ist die Temperatur des Heizdampfes und damit auch der Druck höher, so wird dadurch der Wärmeverbrauch kaum beeinflußt, denn der Wert a—c vermehrt sich nur wenig, während die Werte i—a und i—r bleiben. Im Bilde würden sich die Linien a—d und k—m nur um den Mehrwert verschieben. Da aber bei erhöhtem Druck die Dampfverluste durch Undichtigkeit erheblich steigen und auch die Zuleitungen bei höheren Temperaturen größeren Abkühlungen ausgesetzt sind, wird der Gewinn aufgezehrt.

2. Hat das Trockengut einen geringeren Feuchtigkeitsgrad, z. B. nur 20 vH, so beträgt der Verlust a—i das Fünffache, wogegen i—r um ein geringes kleiner würde, entsprechend dem geringeren Wert i—c. Die Temperatur der Luft wird etwas höher und damit der Wert c—p

größer. Die Menge der Luft, welche den entwickelten Dampf abzuführen hat, wird damit geringer.

In einzelnen Fällen, wie z. B. bei der Herstellung von Kartoffelflocken, kommt die Trockenmasse in heißem Zustande auf die Walze, und dann fällt der Verlust a—i fort. Bei anderen Trockenverfahren würde aber das Gleiche geschehen, und darum darf man beim Vergleiche der verschiedenen Verfahren diesen Umstand nicht übersehen.

19. Prüfung von Trocknungsanlagen.

In dieser Abhandlung ist nur ein geringer Teil der in der Trocknungstechnik eingeführten Verfahren behandelt. Aber auch alle anderen lassen sich auf dem gezeigten Wege leicht verfolgen und auf ihre Wirtschaftlichkeit prüfen.

Es sind nun Ferntemperatur und Feuchtigkeitsmesser entstanden, die eine dauernde Kontrolle ermöglichen und bei großen Anlagen einer Wärmeverschwendung entgegenwirken können. Die entstehenden Anlagekosten sind bald getilgt. Aber auch eine Prüfung von Zeit zu Zeit ist lohnend. Für solche Prüfungen eignet sich der Thermohygrograph, wie er von den mechanisch-optischen

Abb. 31.

Werkstätten R. Fueß in Berlin-Steglitz ausgebildet ist. Abb. 31 zeigt die Form desselben. Er schreibt mechanisch die Temperaturen und Sättigungsgrade der Luft auf, wenn er gemeinsam mit dem Gute durch den Trocknungsraum geleitet wird.

Die Linien, welche auf den beiden Diagrammblättern (s. Abb. 32 und 33) aufgezeichnet werden, kann man dann benutzen, um den Verlauf des Trocknungsvorganges mit demjenigen des idealen zu vergleichen.

Aus der Abb. 18 (S. 42) sind die Idealdiagramme für einstufige, fünfstufige und Fünfstufige-Verbundtrocknung zu entnehmen, um für jedes einzelne die Linien zu entwerfen, welche der Apparat auf die Diagrammblätter aufschreibt. Für die einstufige Trocknung sind die Zustände in a—b und c die maßgebenden. Die Zustandsänderung der Luft in bezug auf Temperatur und Sättigung folgt also der Linie b—c. Der Ausgangspunkt, der vom Thermographen in Abb. 32 aufgezeichnet wird, ist a, weil die Außenluft 18° C haben soll.

5*

Die Luft wird nun durch den Lufterhitzer geführt und die Wirkung desselben durch die Linie a—b kenntlich gemacht, wenn die Luft in den

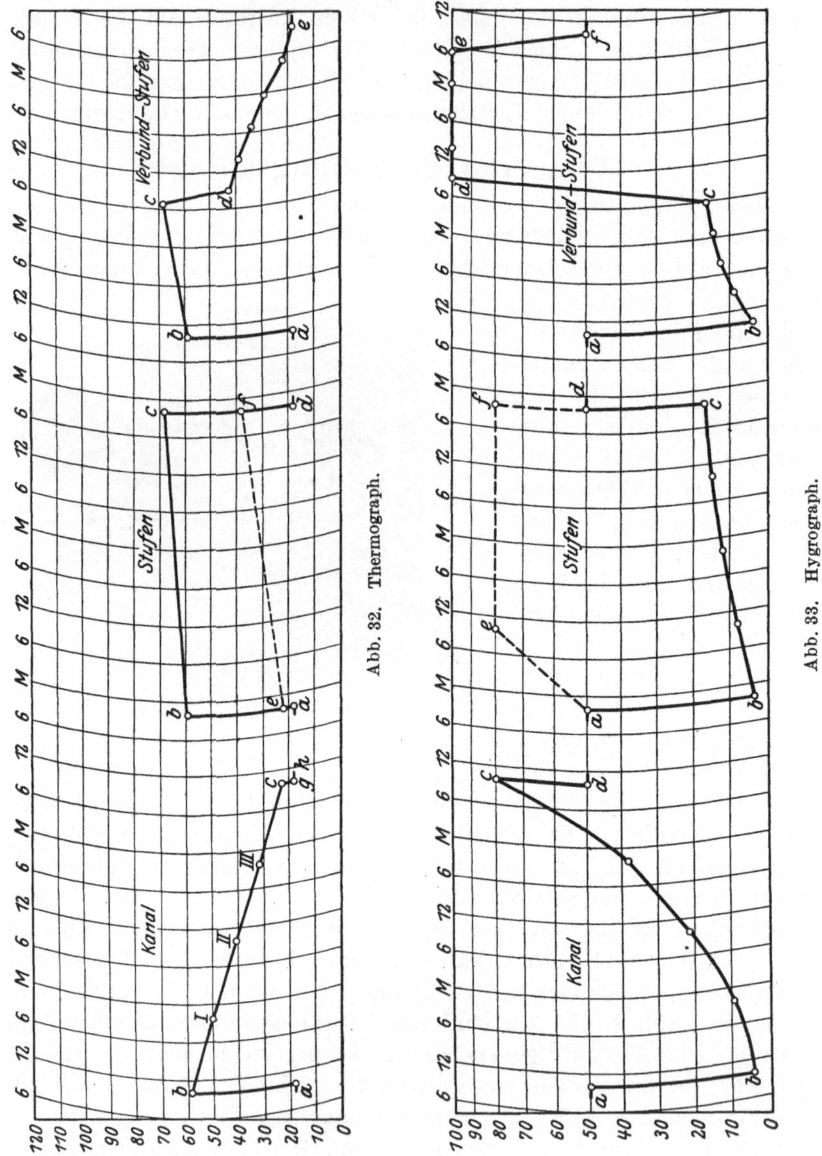

Abb. 32. Thermograph.

Abb. 33. Hygrograph.

Trocknungsraum eintrifft. Bedarf das Gut zweimal 24 Stunden zur Trocknung und wird mit gleichmäßiger Geschwindigkeit durch den Trocknungsraum geführt, dann entsteht die Linie b—c. Teilen wir die

Linie b—c sowohl in Abb. 32 wie auch in Abb. 33 in 4 gleiche Teile, dann müssen in beiden Bildern die Temperaturen in den Teilpunkten übereinstimmen. Der Punkt c zeigt die Temperatur der Luft beim Austritt aus dem Trocknungsraum an. Der Thermograph zeigt aber noch eine Linie c—g—h auf, die den Übergang der Trocknungs- in die Außenluft veranschaulicht.

Die Linie (Abb. 33), die der Hygrograph aufzeichnet, ist eine wesentlich andere. Da die Außenluft einen Sättigungsgrad von 50 hat, beginnt die Linie bei a und fällt auf b zurück, wenn die Luft durch den Erhitzer wandert. ·

In diesem soll sie auf 59⁰ C erwärmt werden. In b ist der Dampfwärmewert der Luft derselbe wie in a, aber der Wärmewert des gesättigten Dampfes ~ 60. Daraus berechnet sich der Sättigungsgrad in b zu $4:90 = 0,044 \ldots = 4,4 \ldots$ Grad.

Für die Zustandspunkte I, II, III und c berechnen sich die Sättigungsgrade zu $5:53 = 9,45$, $6,6:30 = 22$, $7,6:20 = 38$ und $9,2:11,5 = 80°$. Der Hygrograph würde demnach die Linie a—b—I—II—III—c—d aufzeichnen müssen, von der die Strecke c—d auf den Übergang der Abluft in die Außenluft entfällt.

Umgekehrt kann man auch aus den Aufzeichnungen der Streifendiagramme die Abbildung des Trocknungsvorganges entwerfen und damit die Abweichungen von der Abbildung 42 feststellen und die Gründe dafür aufsuchen und abstellen.

Die Abb. 32 (Stufentrockner) zeigt die Linie a—b—c—d, woraus die Temperatur der Außenluft und von b—c die Temperaturen hinter den Heizkörpern ersichtlich sind. Die Strecke c—d zeigt ferner den Temperaturabfall, der eintritt, wenn die Abluft im Zustande c sich mit der Außenluft mischt.

Die gestrichelte Linie a—e—f—d, welche der andere Apparat aufzeichnet, nennt die Temperaturen vor den Heizkörpern.

In Abb. 33 sind die Sättigungsgrade durch die Linie a—b—c—d des ersten Apparates und die andere a—e—f—d vom zweiten aufgezeichnet, welche entstehen, wenn man den Idealvorgang zugrunde legt.

Für die Verbundtrocknung genügt die Anwendung eines Apparates. Aus Abb. 32 geht hervor, daß das mittlere Feld des Trocknungsraumes nicht mit Heizkörpern ausgestattet ist. In diesem Felde treffen die in entgegengesetzter Richtung wirkenden Luftströme aufeinander, mischen sich und werden durch das mittlere Gebläse aus dem Trocknungsraume entfernt. Die Temperaturlinie wird gebildet erstens aus der Strecke von a—b, welche die Temperaturerhöhung beim Durchgang durch die Heizkörper anzeigt. Zweitens die Strecke b—c, die dem Wege vom Anfang bis zum mittleren Felde entspricht, drittens von c—d dem Durchgang durch dieses und dem anschließenden d—e bis zum Ausgang. Für die Sättigungslinie gelten die gleichen Bezeichnungen.

———

Als es Gebrauch wurde, die Dampfmaschinen von Zeit zu Zeit vermittels des Indikators untersuchen zu lassen, begannen die Erzeuger derselben zu Verbesserungen zu schreiten. Die Prüfung der Trocknungsanlagen durch geeignete Instrumente wird schließlich zum Zwang, weil unzählige Trocknungsanlagen gewaltige Dampfmengen unwirtschaftlich verbrauchen.

Anhang.

Auf Seite 3 Abb. 1 war außer der Spannungslinie des Wasserdampfes noch diejenige des Alkohols und des Äthers eingezeichnet. Da diese Stoffe bei der Herstellung mancher Stoffe aufgetrocknet werden müssen, möge auch deren Wärmediagramm entwickelt und die Sättigungslinien dargestellt werden. Da die Auftrocknung bei atmosphärischem Druck erfolgt von im Mittel 760 mm QS, genügt es, die bekannten Spannungen bis zu diesem Zustande zu benutzen.

Für Alkohol gelten bei den Temperaturen:

   0   10   20   30   40   50   60   70 ^{0} C

die Spannungen:

a) 12,70   24,23   44,46   78,52   133,69   219,90   350,21   541,15 mm QS,

Dann sind im gesättigten Gemisch die Spannungen der Luft

b) 747,30   735,77   715,54   681,48   626,31   540,10   409,10   218,85 mm QS.

Wie bekannt, wiegt 1 m³ Luft bei 0° C und 760 mm QS 1,293 kg, und es gilt für andere Spannungen die Gleichung:

$$G = 0{,}465 \cdot p : (273 + t).$$

Für die Spannungen in *b* erhält man das Gewicht von 1 m³ Luft zu

c) 1,272   1,2089   1,1346   1,0458   0,9305   0,7774   0,5722   0,4318 kg.

Daraus berechnet sich der Rauminhalt von 1 kg Luft

d) 0,7856   0,8272   0,8806   0,9562   1,0747   1,2861   1,7476   2,316 m³.

Für Alkoholdampf gilt die gleiche Berechnungsweise, doch muß man die obige Gleichung mit 1,6 vervielfältigen, weil das Gewichtsverhältnis von Alkoholdampf zu Luft 1,6 : 1 ist. Nun lautet die Gleichung:

$$G = 1{,}6 \cdot 0{,}465 \cdot p : (273 + t),$$

und man erhält das Gewicht von 1 m³ Alkoholdampf bei den Spannungen in *a* zu:

e) 0,0346   0,0637   0,1129   0,1928   0,3178   0,5065   0,7825   1,1738 kg.

In *c* war der Raum berechnet, den 1 kg Luft bei den Spannungen in *b* einnimmt. Im Gemisch nimmt der Alkoholdampf denselben Raum wie die Luft ein, und um das Gewicht des Alkoholdampfes zu erhalten, muß man *d* mit *e* vervielfältigen, wodurch man Zahlenreihe *f* erhält:

f) 0,0278   0,0527   0,0994   0,1844   0,3415   0,6499   1,368   2,6953 kg.

Nach der Tabelle von Zeuner ist die Gesamtwärme des gesättigten Alkoholdampfes von 0—70⁰ C:

g) 236   244   252   258   262   264   265   265 WE,

weshalb durch Vervielfältigung der Reihen f mit g sich die Wärmewerte des in 1 kg Luft möglichen Alkoholdampfes ergeben. Man erhält dann die Reihe h zu:

h) 6,57   12,85   25,05   47,56   89,49   171,57   362,52   714,25 WE.

Für Ätherdampf gelten bei den Temperaturen

0   5   10   15   20   25   30   35   ⁰ C

die Spannungen:

a) 184,39   228   286,83   · 349   432,78   526   634,8   746   mm QS.

Dann sind diejenigen der Luft:

b) 575,61   532   473,17   411   327,22   234   125,2   14   mm QS

und nach voraufgegangenem das Gewicht von 1 m³ Luft zu:

c) 0,9804   0,8898   0,7775   0,6636   0,5193   0,3244   0,1921   0,0211 kg.

Der Rauminhalt von 1 kg Luft ist dann:

d) 1,019   1,1238   1,2862   1,5069   1,9256   3,084   5,2046   47,312 m³.

Daraus die Spannung der Luft:

b) 575,61   532   473,17   411   327,22   234   125,2   14   mm QS,

und das Gewicht von 1 m³ Luft zu:

c) 0,9804   0,8898   0,7775   0,6636   0,5193   0,3244   0,1921   0,0211 kg.|

Der Rauminhalt von 1 kg Luft:

d) 1,019   1,1238   1,2862   1,5069   1,9256   3,084   5,2046   47,312 m³.

Für Ätherdampf, dessen Gewicht zu dem der Luft sich verhält wie 2,586 : 1, wird die Gewichtsgleichung $G = 2,586 \cdot 0,465 \cdot p : (273 + t)$, und bei den Spannungen in c ist dann das Gewicht von 1 m³:

e) 0,8122   0,9862   1,2182   1,4572   1,7761   2,1225   2,5276   2,9115 kg.

Vervielfältigung mit d liefert das Äthergewicht in 1 kg Luft:

f) 0,8276   1,1083   1,5669   2,1959   3,4201   6,5447   13,153   137,80 kg.

Die Gesamtwärme von 1 kg Äther ist:

g) 94   96,22   98,44   100,61   102,78   104,89   107   109,05 WE,

aus f und g erhält man die Wärmewerte:

h) 77,796   106,64   154,25   220,92   351,52   686,55   1407,6   15027 WE.

In der anschließenden Abbildung sind die Linien von den in 1 kg möglichen Dämpfen, und zwar Wasser, Alkohol und Äther, eingezeichnet. Abweichend von früheren Abbildungen sind die Abszissen (Wärmewerte) um 1 : 4 kleiner gewählt als die Ordinaten (Temperaturen) zu dem Zweck, die Abbildung bis zur Ordinate 760 ausdehnen zu können, entsprechend einer Spannung von 760 mm QS, wenn man statt Wärme-

einheit den Maßstab der Spannung liest. Die die Luftwärmewerte be-
grenzende Linie o—A erhält entsprechende Abszissen.

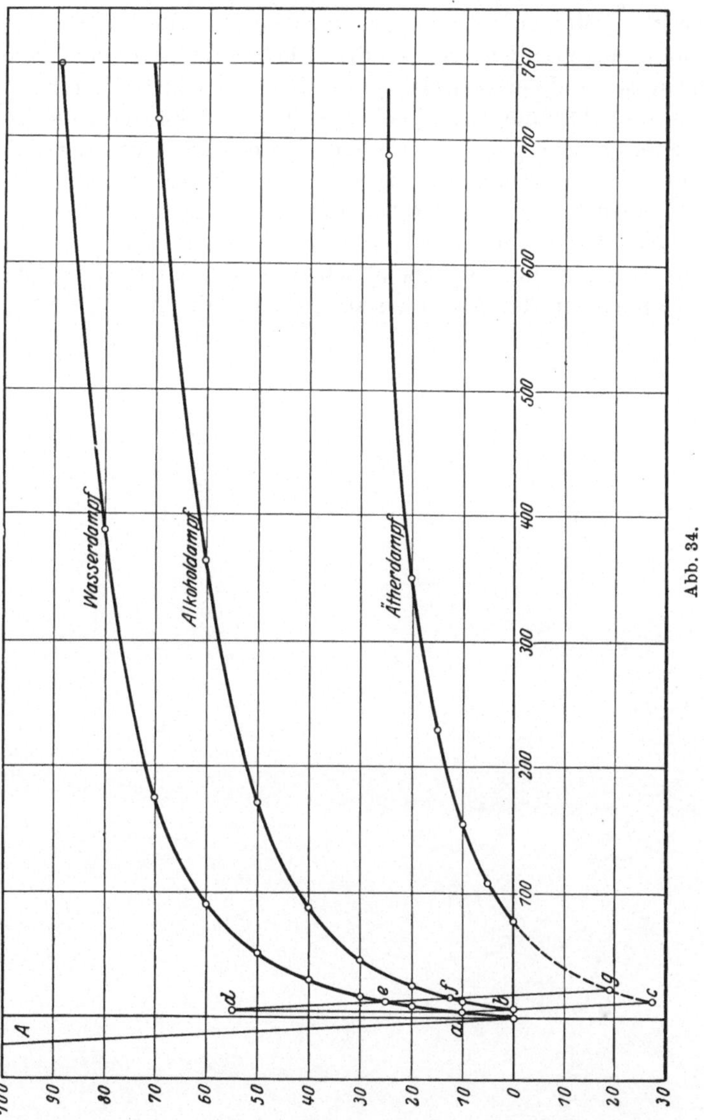

Hat nun die in den Trocknungsraum eintretende Luft den Zustand,
der durch Punkt a gekennzeichnet ist, also die Temperatur 10° C und
den Sättigungsgrad 100, dann liegen die Temperaturen des verdampfen-
den Alkohols bei 0° C Punkt b und des Äthers annähernd bei —25° C

Punkt c. Wird die eintretende Luft erwärmt, z. B. auf 55⁰ C (Zustand d), dann kann sie sich abkühlen bis auf $f = + 12^0$ C bei Alkohol und auf $g = \sim - 19^0$ C bei Äther. Durch die tiefe Lage der Linien wird die der Luft zugeführte Wärme gut ausgenutzt. Wird Verbund-Stufentrocknung angewendet, so ist die Rückgewinnung der Dämpfe in flüssigem Zustande erleichtert, weil die Linien sehr flach verlaufen und dadurch die Abkühlungsmöglichkeit eintritt. Auch wenn die Gemische aus mehreren Dampfarten bestehen, kann eine Trennung der Arten erfolgen, weil die Temperaturunterschiede erlauben, zunächst diejenige auszuscheiden, deren Temperatur am tiefsten liegt.

Für eine Untersuchung genügt es, nur einen kleinen Teil des Diagramms zu benutzen, etwa bis zu 200 WE, und das Maß der Ordinaten gleich demjenigen der Abszissen zu wählen.

Das Trocknen mit Luft und Dampf. Erklärungen, Formeln und Tabellen für den praktischen Gebrauch. Von Baurat **E. Hausbrand,** Berlin. Fünfte, stark vermehrte Auflage. Mit 6 Textfiguren, 9 lithographischen Tafeln und 35 Tabellen. VIII, 185 Seiten. 1920. Unveränderter Neudruck. 1924. Gebunden RM 8.—

Theorie der Heißlufttrockner. Ein Lehr- und Handbuch für Trocknungstechniker, Besitzer und Leiter von gewerblichen Anlagen mit Trockenvorrichtungen. Für den Selbstunterricht bearbeitet von **W. Schule.** Mit 34 Textfiguren und 9 Tabellen. IV, 174 Seiten. 1920. Unveränderter Neudruck. 1921. RM 5.50

Verdampfen, Kondensieren und Kühlen. Erklärungen, Formeln und Tabellen für den praktischen Gebrauch. Von Baurat **E. Hausbrand,** Berlin. Sechste, vermehrte Auflage. Mit 59 Figuren im Text und 113 Tabellen. XIX, 540 Seiten. 1918. Unveränderter Neudruck. 1924. Gebunden RM 16.—

Die Wirkungsweise der Rektifizier- und Destillier-Apparate mit Hilfe einfacher mathematischer Betrachtungen dargestellt von Baurat **E. Hausbrand,** Berlin. Vierte, völlig neubearbeitete und sehr vermehrte Auflage. Mit 14 Textfiguren, 16 lithographischen Tafeln und 68 Tabellen. X, 270 Seiten. 1921. Gebunden RM 14.—

Hilfsbuch für den Apparatebau. Von Baurat **E. Hausbrand,** Berlin. Dritte, stark vermehrte Auflage. Mit 56 Tabellen und 161 Textfiguren. V, 132 Seiten. 1919. Unveränderter Neudruck. 1924. Gebunden RM 4.50

Handbuch zum Dampffaß- und Apparatebau. Von Ingenieur **G. Hönnicke.** Mit 213 Textabbildungen und 114 Zahlentafeln. VII, 209 Seiten. 1924. Gebunden RM 15.—

Neue Tabellen und Diagramme für Wasserdampf. Von Prof. Dr. **Richard Mollier,** Dresden. Vierte, durchgesehene und ergänzte Auflage. Mit 2 Diagrammtafeln. 26 Seiten. 1926. RM 2.70

JS-Tafel für Wasserdampf berechnet und aufgezeichnet von Prof. **A. Bantlin,** Stuttgart. Dritte, unveränderte Auflage. 1926. In Umschlag RM 1.50

JS-Tafel für Wasserdampf. (Sonderausgabe aus „Stodola, Dampf- und Gasturbinen". Sechste Auflage.) 1924. In doppelter Größe der Buchbeilage. Unveränderter Neudruck. 1926. RM 1.20

Jx-Tafeln feuchter Luft und ihr Gebrauch bei der Erwärmung, Abkühlung, Befeuchtung, Entfeuchtung von Luft, bei Wasserrückkühlung und beim Trocknen. Von Dr.-Ing. **M. Grubenmann,** Zürich. Mit 45 Textabbildungen und 3 Diagrammen auf 2 Tafeln. IV, 46 Seiten. 1926. RM 10.50